캐릭터 디자인 수

CHARACTER DESIGN LESS

캐릭터 디자인 수업

CHARACTER DESIGN LESSON

황정혜 · 홍윤미 · 석금주 지음

캐릭터 디자인 수업
CHARACTER DESIGN LESSON

초판 발행 2022년 8월 22일

지은이 황정혜 · 홍윤미 · 석금주
펴낸이 류원식
펴낸곳 교문사

편집팀장 김경수 | **책임진행** 김성남 | **디자인** 신나리 | **본문편집** 우은영

주소 10881, 경기도 파주시 문발로 116
대표전화 031-955-6111 | **팩스** 031-955-0955
홈페이지 www.gyomoon.com | **이메일** genie@gyomoon.com
등록번호 1968.10.28. 제406-2006-000035호

ISBN 978-89-363-2390-5(93590)
정가 24,000원

저자 소개

황정혜
연세대학교 대학원 디자인박사
백석예술대학교 디자인미술학부 학부장

홍윤미
연세대학교 대학원 디자인박사
백석예술대학교, 연세대학교, 경기과학기술대학교 출강

석금주
연세대학교 대학원 디자인박사
백석예술대학교, 중앙대학교 출강

PREFACE
CONTENTS
SOURCE
REFERENCE

머리말

사람들은 귀여운 캐릭터를 보며 마음의 위안을 얻습니다. 캐릭터는 자신의 감성과 개성을 투영할 수 있는 소중한 친구이며, 사람들과 공감을 나눌 수 있는 소통 수단이자 일상에 활기와 재미를 주는 콘텐츠입니다. 캐릭터의 소비 계층은 전 연령으로 확산하고 있으며, 캐릭터는 유아동뿐 아니라 성인을 위한 다양한 콘텐츠와 상품 그리고 커뮤니케이션에 활용되고 있습니다.

캐릭터를 디자인하는 것은 개성 있는 외모와 설정을 가지고 사람들과 소통하면서 스스로 성장할 수 있는 사회적 존재를 탄생시키고 또한 그 존재가 살아가는 세상을 만들어 내는 것입니다. 캐릭터는 특정한 아이덴티티를 나타낼 수 있으며, 메신저 서비스, 광고 등에서 감성 커뮤니케이션의 수단이 되며 디지털 시대에 플랫폼과 장르를 넘어 활약하는 엔터테인먼트 콘텐츠의 역할을 합니다. 캐릭터는 꾸준한 관리를 통하여 생명력이 강해지며 오래도록 사랑받는 존재가 될 수 있습니다. 콘텐츠 산업이 발전하고 메타버스가 새로운 소통과 활동의 장이 되어 가고 있는 현재, 개인과 조직, 브랜드의 정체성을 투영할 수 있고 다양한 이미지를 표현할 수 있으며 무궁무진한 이야기를 만들어 낼 수 있는 캐릭터의 역할은 더욱더 중요해지고 관련 기술과 산업도 눈부시게 발전하고 있습니다.

이 책에는 저자들이 대학에서 캐릭터 디자인 강의를 하면서 캐릭터 디자인을 시작하는 학생들이 기초를 다지기에 꼭 필요하다고 생각해 온 내용들을 정리하여 담았습니다. 캐릭터를 디자인하는 데 필요한 이론을 이해하고 간단한 실습을 통하여 이해한 내용을 적용해 볼 수 있도록 구성하였습니다. 1부인 1~5장은 캐릭터 디자인을 시작하는 학생들이 알아야 할 캐릭터에 관한 지식과 캐릭터 디자인의 핵심 요소와 원리에 관한 내용들을 간단한 디자인 실습 혹은 사례와 함께 정리하였고, 2부인 6장은 캐릭터 디자인을 시작하는 학생들의 작품 사례를 통하여 분야별 캐릭터 디자인 프로세스의 특징을 간략하게 살펴보았습니다.

1장은 캐릭터란 무엇인지 이해할 수 있도록 구성하였습니다. 현대 디지털 산업 사회에서 캐릭터의 개념과 의미, 기능과 분류 그리고 캐릭터의 역사와 산업에 대하여 알아봅니다. 2장은 성공한 캐릭터들의 특징에 대하여 살펴봄으로써 좋은 캐릭터를 디자인하기 위하여 꼭 필요한 것이 무엇인지 생각해 볼 수 있습니다. 3장은 캐릭터를 만들어 내기 위하여 꼭 필요한 캐릭터 기본 설정 및 캐릭터 그래픽 디자인의 세부 요소들을 정리하여 간단한 실습과 함께 구성하였습니다. 4장은 캐릭터 디자인을 시작하기 위하여 알아야 할 디자인 프로세스와 제작 도구, 매체별 캐릭터 디자인의 특성을 간략히 다루었습니다. 5장은 캐릭터를 상품화하기 위하여 꼭 필요한 캐릭터 매뉴얼 북을 이해하고 제작해 볼 수 있도록 실무 자료와 함께 정리하였습니다. 6장은 학부생들이 캐릭터 디자인 수업에서 수행한 나만의 캐릭터 디자인 사례를 분야별로 모아 설명하였습니다. 사례의 프로세스를 참고하여 나만의 캐릭터 디자인 프로젝트를 진행해 보아도 좋을 것입니다.

학교에서, 학원에서, 혹은 혼자서 캐릭터 디자인을 공부하고자 하는 여러분들이 세상을 재미있고 따뜻하게 만드는 좋은 캐릭터를 탄생시키는 데 작게나마 도움이 되었으면 하는 소망이 있습니다. 이 책이 세상에 나오는 데 도움을 주신 교문사 관계자분들과 항상 함께해 주시는 하나님께 감사드립니다.

2022년 8월

저자 일동

PREFACE
CONTENTS
SOURCE
REFERENCE

차례

PART

캐릭터 디자인 이론

캐릭터란 무엇일까?

캐릭터란 무엇일까?

1 캐릭터의 개념과 특징

"캐릭터는 개성 있는 외모와 스토리를 지닌 살아 있는 존재이다."

어린 아기나 강아지의 귀여움은 사람들을 무장해제시키는 강력한 힘이다. 개성 있는 외모나 독특한 말투, 성격 혹은 스토리를 가진 존재는 사람을 끌어당기는 특별한 힘이 있다. 캐릭터는 사람들이 호감을 가질 수 있는 귀엽고 개성 있는 외모와 스토리를 지닌 시각적 형상물이다. 한국콘텐츠진흥원에서는 캐릭터를 다음과 같이 정의한다.

> 특정한 메시지나 이미지를 전달할 목적으로 의인화나 우화적인 방법을 통해 시각적으로 형상화되고 성격 또는 개성이 부여된 가상의 사회적 행위 주체[1]

---

1 문화체육관광부(2008). '캐릭터산업 진흥 중장기 계획(2009~2013)'.

캐릭터를 디자인한다는 것은 상상 혹은 실제 존재를 바탕으로 외모와 성격을 특징적으로 시각화하여 그래픽으로 만들어 내고, 이름과 성격 등을 설정하며, 더 나아가 그 캐릭터가 살고 있는 세상을 디자인하는 것이라고 할 수 있다. 캐릭터의 세상은 지면 위에서, 영상 콘텐츠 안에서 혹은 손에 만져지는 실물로 전개된다. 캐릭터는 디자이너의 손을 거쳐서 완성된 시각디자인물이며 고유의 이름, 성격 등을 통하여 생명력을 갖게 된 존재로, 지적 자산(intellectual property)의 형태로 산업 세계에서 재화가 되는 상품이자 브랜드이며, 사람들에게 영향을 미치는 사회적 존재이자 문화 콘텐츠라고 볼 수 있다. 캐릭터의 특징은 다음과 같다.

- 상상 혹은 실재의 소재를 독창적으로 시각화하고 아이덴티티와 스토리를 부여하여 탄생한다.
- 시각적 형상, 이름, 성격, 목소리, 행동 등을 포함하는 정체성과 상징성을 지닌다.
- 독창적이며 목적성을 가지고 만들어지고 상품화 가치가 있다.
- 다양한 매체, 플랫폼에서 진화할 수 있다.
- 개성과 성격 및 스토리로 인간의 감성에 소구한다.
- 문화와 시대를 초월한 가치를 지닐 수 있다.
- 지적 자산으로서 라이선싱, 머천다이징, 컬래버레이션 등을 통하여 부가가치를 창출할 수 있다.

찰리(학생 작품)

2 캐릭터의 기능

"캐릭터는 우리에게 위안을 주는 존재이다."

디자인이 마음에 들어서, 익숙해서, 혹은 행동이 마음에 들어서[2] 등 캐릭터를 좋아하는 이유는 다양하다. 캐릭터는 나를 투영하는 매개체가 되기도 하고, 상대방을 이해하는 수단이 되기도 하며, 서로 공유하고 즐기며 소통할 수 있는 콘텐츠가 되기도 한다. 사람들은 좋아하는 캐릭터를 이미지, 영상, 게임, 제품, 공간 등 다양한 형태로 소유하고 공유하며 즐기는 일상에서 위안과 평온을 얻는다. 캐릭터는 개성 있는 아이덴티티를 담을 수 있으므로 어떤 조직이나 브랜드를 대표할 수 있으며, 캐릭터가 담아내는 감성은 소비자와 커뮤니케이션할 수 있는 중요한 수단이 될 수 있다. 또한 캐릭터는 다양한 매체 간 융합의 중심이 되는 핵심 콘텐츠로서 기능을 가진다.

아이덴티티 기능

캐릭터는 그래픽, 이름, 설정 등 시각적 표현과 언어적 표현을 통해 아이덴티티를 지니도록 디자인할 수 있다. 또한 캐릭터가 등장하는 웹툰, 게임, 애니메이션 등의 콘텐츠에서 사용하는 목소리, 말투, 성격, 행동 그리고 콘텐츠의 제목 등을 통해 그러한 성격과 정체성을 강화할 수 있다. 캐릭터는 사람들이 자신을 투영하거나 친근감, 귀여움, 호감을 느낄 수 있는 다양한 아이덴티티를 가지도록 디자인될 수 있으며, 실존 인물, 브랜드, 기업, 이벤트, 축제, 도시, 공공기관 등의 아이덴티티를 나타낼 수도 있다. 사람들은 어떤 캐릭터를 좋아하는지 보여 줌으로써 자신의 가치관과 취향을 간접적으로 표현할 수 있으며, 같은 캐릭터를 좋아하는 사람들끼리는 동질감을 느끼기도 한다.

---

2 한국콘텐츠진흥원(2020). 2020 캐릭터 산업백서. p. 88.

캐릭터가 가진 아이덴티티는 캐릭터 상품 개발 및 캐릭터 마케팅에서 중요한 역할을 한다. 기업은 타깃으로 하는 소비자에게 다가갈 수 있는 아이덴티티의 캐릭터를 이용하여 캐릭터 상품을 만들거나 컬래버레이션하여 소비자를 사로잡으려 노력한다. 캐릭터는 메타버스에서 사용자 개인의 아이덴티티를 표현할 수 있는 수단이다. 메타버스 플랫폼은 사용자 개인의 개성을 표현할 수 있도록 체형, 표정, 헤어스타일, 의상, 소품, 동작 등 여러 그래픽 요소를 제공하고 있다.

캐릭터 아이덴티티를 이루는 요소들

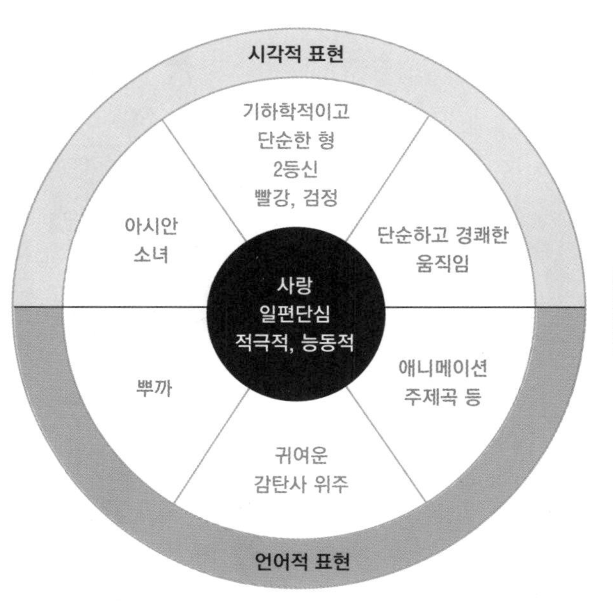

뿌까의 아이덴티티

감성 커뮤니케이션 기능

캐릭터는 고유의 아이덴티티로 오랜 기간 생명력을 가지고 커뮤니케이션을 할 수 있다. 캐릭터를 통한 커뮤니케이션은 무엇보다도 사람들의 감성에 호소한다는 특징이 있다. 캐릭터는 말없이 내 마음에 공감해 줄 수 있는 인형이나 피규어 친구가 될 수도 있고, 나에게 어울린다고 생각하는 이모티콘으로 내 감정을 대신 표현해 주는 시각적 언어가 될 수도 있다. 개성을 앞세워 어울리는 브랜드의 광고 모델이 되어 제품을 홍보할 수 있으며, 기업이나 공공기관 등의 조직을 대표해서 메시지를 전달하는 활동을 할 수도, 캠페인이나 이벤트의 얼굴이 되어 대중과 커뮤니케이션할 수도 있다. 캐릭터가 적용된 상품은 캐릭터의 감성적인 가치를 상품에 더할 수 있으며 단순한 상품을 넘어서 일상에 스토리를 부여하는 디자인이 된다. 서로 다른 장르와 플랫폼 간을 오갈 수 있으므로, 내가 몰랐던 콘텐츠에 내가 좋아하는 캐릭터가 나오는 것을 보며 새로운 콘텐츠에 흥미를 느끼는 경험을 할 수도 있다.

김현정 작가의 '내숭 시리즈' 캐릭터의 제품화를 통한 감성 표현(현대약품)

한국화가 김현정의 '내숭 시리즈'에 등장하는 아트캐릭터인 내숭녀는 솔직하고 당당한 젊은 여성의 이미지를 감각적으로 표현하여 소비자들의 공감을 얻으며 다양한 기업 및 브랜드와 컬래버레이션하고 있다. 1983년생인 아기공룡 둘리는 소비자들의 레트로 감성을 일깨우며 광고 모델로 활약하고 있다. 내가 좋아하는 캐릭터를 공간과 식음료 등 오감을 통하여 경험할 수 있는 캐릭터 카페도 인기를 얻고 있다. 이러한 사례는 캐릭터가 타깃 소비자에게 불러일으키는 감성을 활용한 마케팅 커뮤니케이션이라 할 수 있다.

캐릭터는 기획과 디자인에 따라 성별, 인종, 문화적 차이 등의 제약을 최소화할 수 있으며 디지털로 구현되어 시공간의 제약 없이 전 세계를 대상으로 다양한 콘텐츠로 소통할 수 있다. 전 세계의 사람들이 좋아하는 캐릭터를 통하여 자신의 선호와 감성을 표현하고 캐릭터를 모티브로 하는 콘텐츠와 제품을 즐기며 일상에서 감성을 공유하는 감성 커뮤니케이션이 가능한 것이다.

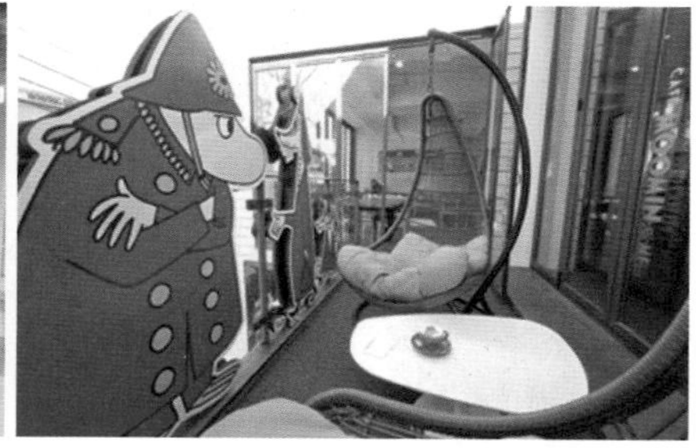

캐릭터의 감성을 느낄 수 있는 캐릭터 카페(라이언카페, 무민앤미)

레트로 감성을 일깨우는 커뮤니케이션(둘리×피자헛)

엔터테인먼트 콘텐츠 기능

캐릭터는 만화, 애니메이션, 게임 등 사람들이 즐길 수 있는 문화 산업의 중요한 콘텐츠이고 다양한 플랫폼과 산업 간 융합의 중심이다. 사람들은 좋아하는 캐릭터가 등장하는 콘텐츠뿐만 아니라 캐릭터와 관련된 다양한 상품을 구매하며 캐릭터 세상을 즐긴다. 디지털 기반에서 콘텐츠는 장르 간 경계를 넘어 다른 장르 및 산업으로 활발하게 뻗어 나갈 수 있다는 특징이 있다. 내가 좋아하는 캐릭터가 다른 게임에 등장하기도 하고, 어떤 제품을 홍보하기도 하며 의류업체와 컬래버레이션하여 캐릭터를 응용한 의류 라인을 출시하기도 한다. 캐릭터는 스토리에 기반한 다양한 콘텐츠(웹툰, 애니메이션, 유튜브, 뮤지컬, 영상 등)에서 세계관을 확장하여 캐릭터의 일관성을 유지하면서도 매체마다 차별화된 즐거움을 제공할 수 있는 콘텐츠이다. 뿐만 아니라 캐릭터 테마파크, 캐릭터 카페, 팝업 스토어, 캐릭터 박물관 등 캐릭터

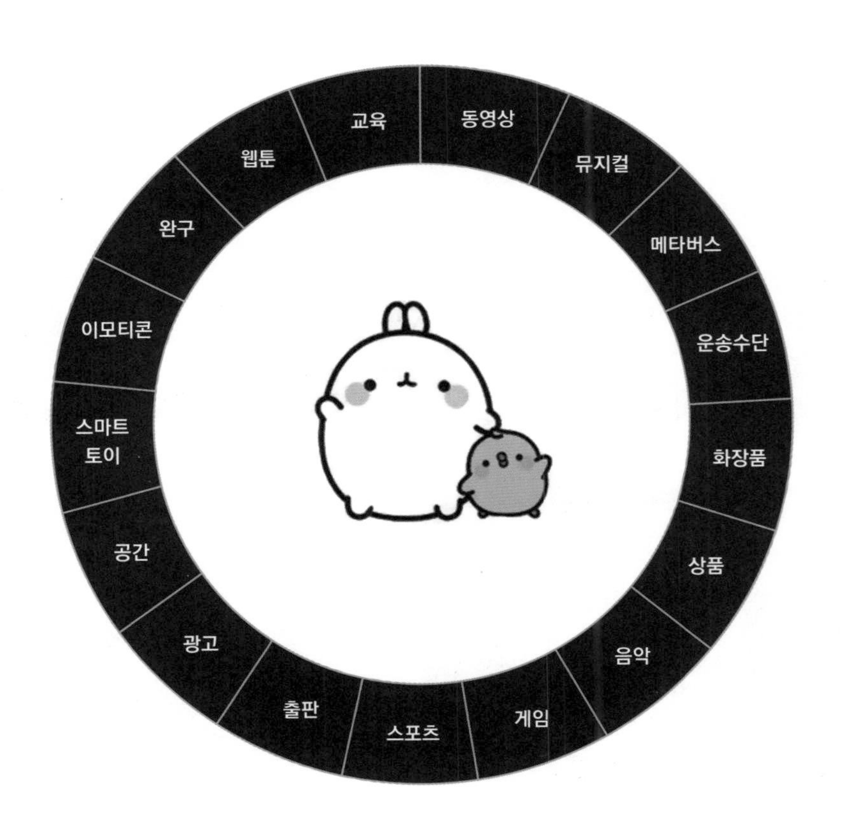

캐릭터를 중심으로 즐기는
콘텐츠와 플랫폼

의 콘셉트를 온전히 즐길 수 있는 감성 엔터테인먼트 공간에 적용될 수 있다. 사람들은 캐릭터를 중심으로 다양한 콘텐츠 및 플랫폼을 융합하여 즐길 수 있으며, 이는 또한 캐릭터의 영향력을 높여 다양한 산업을 성장시킬 수 있는 원동력이 된다.

캐릭터의 분류 3

"어떤 종류의 캐릭터들이 있을까?"

캐릭터 그래픽 소재에 따른 분류

그래픽의 소재가 무엇인지에 따라 인물, 동물, 픽션물, 무생물, 사물, 식물로 분류할 수 있다. 인물 소재는 가상의 인물로서 당찬 소녀를 소재로 한 뿌까, 장난꾸러기 유치원생을 소재로 한 짱구가 있으며, 실존하는 인물로서 유튜버 크리에이터를 소재로 한 캐릭터 도티와 잠뜰, 방탄소년단 캐릭터 타이니탄 등이 있으며, 메타버스에서 사용자 본인을 반영하여 만드는 아바타 캐릭터도 있다. 동물은 가장 널리 쓰이는 캐릭터 소재로 카카오프렌즈의 수사자 라이언, 토끼 미피(Miffy), '라바'의 애벌레 옐로우와 레드 등이 있다. 픽션물은 인간의 상상이 탄생시킨 허구의 존재를 소재로 하는 것으로, 기존의 문학에 존재하는 도깨비를 소재로 한 '신비아파트'의 신비, 완전히 새로운 상상의 산물인 별의 커비 등이 있다. 무생물 소재는 자연에 존재하는 생명이 없는 자연물로, 기름방울에서 탄생한 구도일, 달걀에서 탄생한 구데타마 등이 있다. 사물 소재는 인간이 만든 인공물을 뜻하며, 서울시 버스를 소재로 한 타요, 경찰차가 소재인 로보카 폴리, 식빵 등의 빵과 과자를 소재로 하는 '브레드 이발소' 캐릭터들이 이에 해당한다. 식물 소재는 과일이나 야채, 나무나 꽃 등이 있으며 나무를 소재로 하는 그루트, 복숭아를 소재로 한 카카오프렌즈 어피치 등

캐릭터 소재별 분류

이 있다. '냉장고 나라 코코몽'에 등장하는 케로, 아글, 파닥이는 각각 당근+당나귀, 오이+악어, 파+닭 등 식물과 동물을 결합한 캐릭터이다.

캐릭터 탄생 플랫폼에 따른 분류

캐릭터가 처음 탄생한 매체/플랫폼이나 목적에 따라 상품화 캐릭터, 아트/일러스트 캐릭터, 조직/이벤트/브랜드의 비주얼 아이덴티티 캐릭터, 퍼스널리티(실제 인물) 캐릭터, 이모티콘 캐릭터, 게임 캐릭터, 콘텐츠 캐릭터로 분류할 수 있다. 상품화 캐릭터는 캐릭터 상품화를 1차 목적으로 하여 개발된 캐릭터로 헬로키티(Hello Kitty), 몰랑, 뿌까 등이 있다. 아트/일러스트 캐릭터는 출판 일러스트나 예술 작품을 위해 탄생한 것으로 피터 래빗(Peter Rabbit), 아토마우스(Atomaus) 등이 있다. 아이덴티티 캐릭터는 조직이나 이벤트, 브랜드의 비주얼 아이덴티티의 일부로서 개발된 것으로 S-OIL의 구도일, 미쉐린(Michelin) 타이어의 비벤덤, 평창올림픽의 수호랑과 반다비 등이 있다. 실제 인물의 콘텐츠화를 위하여 탄생한 퍼스널리티 캐릭터는 가수 싸이 캐릭터, 유튜버 흔한 남매 캐릭터가 있다. 이모티콘을 위한 캐릭터는 최초의 그래픽 이모티콘 캐릭터인 스마일리, 오버액션토끼, 카카오프렌즈의 라이언과 어피치 등이 있다. 게임 캐릭터는 게임 스토리를 이끌어 가는 주요 플레이어 캐릭터 및 다양한 NPC(Non-Player Character)로서 '슈퍼 마리오'의 마리오와 루이지, '카트라이더'의 다오와 배찌 등이 이에 속한다. 콘텐츠 캐릭터는 만화, 애니메이션, 영화 등의 콘텐츠에 등장하는 캐릭터로 '짱구는 못말려'의 짱구, '신비아파트'의 신비, '가디언즈 오브 갤럭시'에 등장하는 나무 캐릭터 그루트가 있다.

캐릭터 탄생 플랫폼에 따른 분류

캐릭터 사용 목적에 따른 분류

비즈니스 측면에서 캐릭터의 사용 목적을 고려하여 분류할 수도 있다. 캐릭터 산업의 발달과 영역의 다양화로 캐릭터는 처음 탄생한 플랫폼뿐 아니라 다양한 장르 및 산업을 넘나들며 영역을 확장하는 경우가 늘어나고 있다. 만화 캐릭터가 애니메이션에 등장하는 등 장르를 넘나드는 것은 물론이거니와 제품 광고, 공간 인테리어에서도 활약하는 등 산업을 넘어서서 확산한다. 캐릭터의 사용 목적은 크게 아이덴티티 시각화, 감성 커뮤니케이션 수단, 엔터테인먼트 콘텐츠로 나눌 수 있다. 먼저 아이덴티티 시각화의 수단으로서 캐릭터는 기업 캐릭터, 브랜드 캐릭터, 공공조직 캐릭터, 이벤트 캐릭터, 아바타 캐릭터가 있다. 감성 커뮤니케이션의 수단으로서 캐릭터는 이모티콘 캐릭터, 상품 캐릭터, 광고 캠페인 모델, 공간 디자인 테마 등의 목적으로 사용된다. 콘텐츠가 되는 캐릭터는 만화(웹툰), 애니메이션, 영화에 등장하는 캐릭터, 출판 및 교육 분야에 활용되는 캐릭터, 게임에 등장하는 캐릭터 등이 있다.

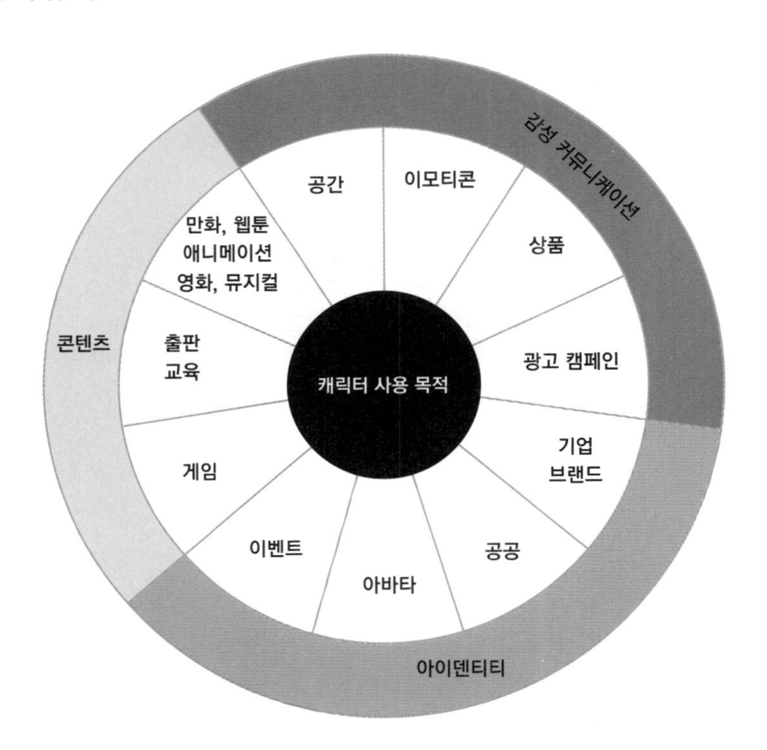

캐릭터 사용 목적에 따른 분류

캐릭터의 역사 4

"가장 오래된 캐릭터는 무엇일까?"

캐릭터는 19세기 유럽에서 등장하기 시작했다. 1930년대 이후 미키 마우스를 앞세운 미국 디즈니사를 중심으로 캐릭터 라이선스가 성립되고 캐릭터 비즈니스가 활성화되었다. 1970년대에는 일본의 캐릭터인 헬로키티가 캐릭터 상품 시장을 정착시켜 캐릭터 디자인을 독자적인 영역으로 발전시키며 캐릭터 비즈니스를 다양화하기 시작했다. 우리나라 또한 1989년 바른손의 금다래·신머루, 1994년 모닝글로리의 블루베어 등의 상품화 캐릭터를 시작으로 2000년대 이후 마시마로(2000), 뿌까(2000), 뽀로로(2003) 등 세계적으로 사랑받는 캐릭터를 만들기 시작했으며, 2009년 스마트폰이 등장한 이래 SNS 이모티콘 기반 캐릭터인 브라운앤프렌즈(2011), 카카오프렌즈(2012) 등이 등장하면서 캐릭터 강국으로 발돋움하고 있다.

가장 오래된 캐릭터는 2022년 120살이 되는 영국의 동화책 캐릭터인 피터 래빗을 꼽을 수 있다. 1893년 비어트릭스 포터(Beatrix Potter, 1866~1943, 영국)가 전 가정교사의 아들인 노엘에게 보낸 편지에서 장난꾸러기 토끼 피터 래빗의 스케치가 처음 등장했다. 이후 1902년 동화책 '피터 래빗 이야기(The Tale of Peter Rabbit)'가 출간되었고, 1903년 피터 래빗 인형을 출시하

피터 래빗

며 저작권을 등록하여 피터 래빗은 저작권(시, 소설, 음악, 미술, 영화 등 창작물에 대하여 창작자가 가지는 권리)을 가진 최초의 캐릭터가 되었다. 피터 래빗은 섬세하고 따스한 질감이 살아 있는 선과 색채로 토끼의 형태를 표현한 캐릭터로서 1992년과 2012년에는 TV애니메이션으로, 2018년과 2021년에는 영화로 제작되었으며, 문구류, 생활용품 등 다양한 분야의 상품으로 출시되어 오랜 사랑을 받아 왔다.[3] 1926년 동화작가 앨런 알렉산더 밀른(A. A. Milne)의 곰돌이 푸(Pooh) 또한 동화에서 유래한 캐릭터이다. 다양한 라이선싱을 통하여 여러 분야에서 사용되다가 1961년 디즈니가 라이선싱 권리를 인수하면서 곰돌이 푸는 디즈니의 대표적인 캐릭터 중 하나가 되었다.

최초의 애니메이션 캐릭터는 1919년 흑백 무성영화 시절 팻 설리번(Pat Sullivan)과 오토 메스머(Otto Messmer)가 만든 단편 애니메이션 'Feline Follies'에 등장하는 고양이 펠릭스(Felix the Cat)이다.[4] 이후 1928년 세계 최초의 발성 애니메이션 '증기선 윌리(Steamboat Willie)'에 등장한 월트 디즈니(Walt Disney)와 어브 이웍스(Ub Iwerks)의 미키 마우스(Mickey Mouse)는 로열티를 받고 상품화되면서 캐릭터 산업을 일으킨 캐릭터로 평가받는다. 미키 마우스와 미니 마우스 외에 도널드 덕, 구피, 플루토 등 디즈니 캐릭터들은 수십 년 동안 애니메이션뿐 아니라 다양한 상품으로 미국의 캐릭터 산업을 이끌며 전 세계에서 사랑받는 캐릭터로 성장했다.

1930년대 이후 DC 코믹스와 마블 코믹스는 슈퍼히어로를 주인공으로 하는 만화책을 내놓기 시작했다. 1932년 만화가 제리 시겔(Jerry Siegel)과 조 슈스터(Joe Shuster)가 탄생시킨 슈퍼맨은 1938년 DC 코믹스가 판권을 인수한 후 배트맨, 원더우먼 등과 함께 지금까지 전 세계에서 다양한 상품으로 제작되고 있다. 마블 코믹스는 1962년 스파이더맨 이후 아이언맨, 엑스맨, 헐크, 캡틴 아메리카 등의 캐릭터를 탄생시키며 마블 슈퍼히어로의 세계를

---

3 피터 래빗 웹사이트(https://www.peterrabbit.com/about/).

4 위키백과(https://ko.wikipedia.org/wiki/%EA%B3%A0%EC%96%91%EC%9D%B4_%ED%8E%A0%EB%A6%AD%EC%8A%A4#cite_note-1).

구축해 오고 있다. 2009년 디즈니가 마블 코믹스를 인수한 이후에 캐릭터 상품 및 콘텐츠가 더욱 다양하게 전개되고 있다.

만화나 애니메이션에서 파생된 것이 아니라 캐릭터 그 자체로 개발된 최초의 상품화 캐릭터는 일본 산리오가 1974년 개발한 헬로키티이다. 헬로키티는 키티 화이트라는 이름의 밝고 상냥한 여자 아이와 그 가족 및 친구들로 구성되어 있으며, 인형 및 캐릭터 그래픽을 활용한 다양한 캐릭터 상품들로 지금까지도 사랑받고 있다.

1980년대 일본의 컴퓨터 게임의 발전과 함께 슈퍼 마리오, 소닉 등 게임 캐릭터들이 등장했다. '포켓몬'은 1996년 닌텐도에서 출시된 게임으로서 피카츄를 비롯하여 다양한 포켓몬 캐릭터들을 탄생시켰다. 특히 포켓몬은 미디어 믹스를 고려하여 체계적으로 기획된 캐릭터로서, 게임 시리즈, 애니메이션, 만화, 카드게임, 상품 등 다양한 분야를 아우르는 적극적이고 세분화된 마케팅 전략으로 일본을 넘어 세계에서 사랑받는 캐릭터로 성장했다.

기업이나 조직, 브랜드 상징으로서의 캐릭터는 1898년부터 프랑스의 타이어 기업 미쉐린의 얼굴로 활약하고 있는 캐릭터 비벤덤에서부터 시작되었다. 1951년 켈로그는 호랑이 캐릭터 토니를 만들었고, 1973년 듀라셀은 분홍색 토끼 캐릭터인 듀라버니를 만들었다. 우리나라에서는 1960년 진로 소주 광고에 두꺼비 캐릭터가 등장하였으며, 1974년에는 유한킴벌리의 뽀삐 캐릭터가 등장했다. 1989년에는 롯데월드의 너구리 캐릭터인 로티가 생겨났으며, 1999년 서울경찰청은 경찰 캐릭터인 포돌이를 만들어 친근한 경찰 이미지 커뮤니케이션에 지금까지도 적극적으로 활용하고 있다.

1997년 니콜라 루프라니(Nicolas Loufrani)는 문자 메시지 등 디지털 대화에서 사용할 수 있는 스마일리를 미국저작권협회에 등록하였다. 스마일리는 최초의 그래픽 이모티콘 캐릭터로 볼 수 있으며 2001년부터 다양한 통신기업에서 사용권을 라이선스하기 시작했다.[5] 2011년 브라운앤프렌즈, 2012년 카카오프렌즈가 등장하면서부터는 특히 우리나라를 중심으로 이모

---

5 위키백과(https://ko.wikipedia.org/wiki/%EC%8A%A4%EB%A7%88%EC%9D%BC%EB%A6%AC).

티콘 캐릭터의 발전이 이루어지고 있다. 디지털 매체 시대에 캐릭터는 다양한 매체에서 다양한 콘텐츠로 커뮤니케이션할 수 있는 존재로 발전하고 있다. 카카오프렌즈 캐릭터들은 인스타그램, 웹툰, 유튜브에서 각각 다른 콘텐츠를 선보이고 있다. 소비자들은 SNS를 통해 카카오프렌즈 캐릭터들의 이야기를 즐기고 자발적으로 공유한다.

모션 그래픽 기술이 발달하며 실제 사람과 착각할 정도로 정교하게 디자인된 가상 인간 캐릭터도 SNS에 등장하여 활약하고 있다. 2016년 미국의 릴 미켈라를 시작으로 2020년에는 우리나라에도 로지라는 이름의 가상 인간 캐릭터가 등장하여 진짜 사람처럼 다른 사람들과 교류하고 모델 활동을 하며 자신만의 가치관을 가지고 다양한 활동을 하고 있다.

SNS를 통한 콘텐츠의 자발적인 확장이 중요한 디지털 매체의 시대에 그래픽 디자인으로 제작되는 캐릭터는 다양한 콘텐츠를 빠르게 제작할 수 있으며, 장르와 플랫폼을 넘나들며 소비자와 커뮤니케이션할 수 있는 존재로 더욱더 중요하게 여겨지고 있다. 그래픽 기술의 발달과 다양성을 중요시하는 가치관의 확산으로 다양한 그래픽과 설정을 가진 캐릭터가 등장하여 무대의 제약 없이 활발하게 활동 영역을 넓혀 가고 있다.

미국 캐릭터의 역사

미국은 캐릭터 라이선스 산업이 탄생하고 발전한 캐릭터 강국이다. 펠릭스 더 캣(1919), 미키 마우스(1928)가 등장하면서 1930년대 미국 월트디즈니컴퍼니를 중심으로 캐릭터 라이선스 시장이 성립되기 시작했다. TV시대가 시작되면서 벅스 버니(1940), 트위티(1947), 스누피 앤 찰리 브라운(1950), 스파이더맨(1962) 등의 캐릭터를 중심으로 캐릭터 라이선스가 활성화되기 시작했다. 1962년 스누피가 상품화되고, 1965년 디즈니랜드가 개장하면서 캐릭터를 중심으로 하는 비즈니스가 본격화되었다. 1967년 미국 어린이들의 교육을 위하여 국가적인 프로젝트 차원에서 '세서미 스트리트'라는 프로그램이 탄생하였고, 빅 버드, 엘모, 버트, 쿠키몬스터 등 지금까지도 사랑받고

세계인의 사랑을 받는
미키 마우스

있는 캐릭터들이 탄생하였다.

1970~80년대는 미국 캐릭터 라이선스 시장의 황금기라고 할 수 있다. 영화 '스타워즈'(1977)의 조지 루카스 감독은 영화가 개봉하기 전인 1976년 액션 피규어로 유명한 회사인 케너(Kenner)와 사전 라이선스 계약을 맺고 피규어와 장난감 등 각종 캐릭터 상품을 판매하였으며, 2015년 기준 280억 달러(약 33조 원)에 달하는 수익 중 120억 달러가 넘는 수익을 각종 캐릭터 상품을 통해 거두었다고 한다.[6] 1980년대에는 게으르고 심술궂은 고양이 가필드(1983), 개성 강한 '심슨 가족'(1989)이 등장하였다. 1990년대 이후에도 '토이 스토리'(1995), '겨울왕국'(2013년)으로 이어지는 디즈니 애니메이션 캐릭터 및 배트맨(1939), 슈퍼맨, 스파이더맨(1962), 아이언맨(2008) 등 DC와 마블의 히어로 캐릭터들을 통하여 캐릭터 왕국 미국의 지위를 굳건하게 지키고 있다.

일본 캐릭터의 역사

일본은 만화, 애니메이션을 기반으로 하는 캐릭터 강국이다. 미국에서 캐릭터 비즈니스가 시작되던 무렵 일본에서는 데즈카 오사무에 의하여 일본 캐

6 "스타워즈 수익, 총 33조원 수익의 주 원천은 캐릭터 상품". 조선비즈(2015. 12. 19. https://biz.chosun.com/site/data/html_dir/2015/12/19/2015121901071.html).

릭터의 원조 격인 아톰(1952)이 탄생했으며, 1954년 고질라를 중심으로 괴수 캐릭터가 흥행하였다. 1960년대 컬러TV방송과 함께 본격적인 애니메이션 캐릭터 시장이 시작되고 '도라에몽'(1969), '마징가 Z'(1972), '기동전사 건담'(1979)이 등장하였다. 1974년 탄생한 헬로키티는 만화나 애니메이

헬로키티와 구마몬

션 기반이 아니라 상품화를 목적으로 제작된 최초의 독립된 캐릭터로서 지금까지도 핑크색의 다양한 헬로키티 상품들이 사랑받고 있다. 1980년대에는 연재만화 '드래곤볼'(1984), 닌텐도 비디오 게임 '슈퍼 마리오'(1985) 등 다양한 매체에서 인기 캐릭터들이 탄생하기 시작했다. 1985년 미야자키 하야오가 설립한 스튜디오 지브리는 '이웃집 토토로'(1988), '마녀배달부 키키'(1989) 등을 흥행시키며 일본을 대표하는 애니메이션 회사로 성장해 갔다. 우스이 요시토의 연재만화 '크레용 신짱'(1990)을 원작으로 한 애니메이션 '짱구는 못말려'(1992)의 캐릭터들은 독특한 그림체와 개성으로 지금까지 큰 사랑을 받고 있으며, 타케우치 나오코의 '세일러문'(1992)은 소녀 캐릭터가 등장하여 카리스마와 리더십을 보여 줌으로써 남녀를 가리지 않고 큰 인기를 얻었다. 1996년 기획 단계부터 다양한 상품화를 염두에 두고 개발된 포켓몬스터는 게임, TV시리즈, 애니메이션, 캐릭터 상품으로 출시되어 전 세계적으로 흥행에 성공하며 지금까지도 전 세계 소비자의 사랑을 받는 미디어믹스형 캐릭터 기획의 모범 사례로 평가받는다. 만화/애니메이션 캐릭터는 '신세기 에반게리온'(1995), '원피스'(1997), '카드캡터 사쿠라'(1998), '카우보이 비밥'(1998), '귀멸의 칼날'(2016년) 등으로 명맥이 이어지고 있으며, 1950년에 탄생한 페코짱, 2003년에 탄생한 리락쿠마, 2010년부터 구마모토현의 공공캐릭터로 활약하고 있는 구마몬도 널리 사랑받고 있는 일본의 캐릭터이다.

한국 캐릭터의 역사

우리나라에 캐릭터 산업 개념이 생기기 이전부터 해태제과의 해태 석상(1953), 로케트 건전지의 로켓보이(1964) 등 제품 패키지, 광고 등에서 캐릭터가 활용되기 시작했다.

1970년대에는 고우영의 '임꺽정'(1972), 박수동의 '고인돌'(1974) 등 성인도 즐길 수 있는 만화가 등장하기 시작했다. 일본과 미국의 수입 만화들이 TV를 통해 방영되기 시작했고, '로버트 태권V'(1976)가 애니메이션으로 제작되어 큰 인기를 끌었다. 바른손의 부부보이(1985), 금다래 · 신머루(1989)가 등장하면서 우리나라 캐릭터 용품 산업이 시작되었다. 1983년 만화잡지 《보물섬》에 연재되기 시작한 김수정의 '아기공룡 둘리'는 독창적인 소재와 그래픽으로 세대를 뛰어넘는 한국의 대표 캐릭터로 지금까지도 사랑받고 있다. 둘리는 캐릭터 최초로 주민등록증을 발급받기도 했으며, 만화 속 배경인 도봉구 쌍문동 일대에 둘리 테마거리, 둘리뮤지엄 등 둘리 관련 홍보시설이 조성되어 있다. 둘리는 2021년에도 피자헛의 광고 모델로 발탁되는 등 여전히 활동하고 있다. 1986년 아시안 게임과 1988년 올림픽 이벤트 캐릭터로 활약한 호돌이는 호랑이라는 소재가 상모를 쓰고 있는 모습에서 한국의 특징을 잘 표현한 캐릭터이다. 1999년 만화가 이현세가 디자인한 경찰청의 포돌이 · 포순이는 경찰의 이미지를 친근하고 부드럽게 만드는 데 기여한 공공캐릭터로 평가받는다.

2000년 초반 인터넷 인프라의 확대와 IT의 급진적 발전으로 국산 캐릭터의 탄생과 발전이 두드러지기 시작했다. 2000년 등장한 플래시 애니메이션 캐릭터인 마시마로는 단순한 스토리와 특유의 엽기 코드가 당시의 트렌드와 잘 맞아 큰 인기를 얻었다. 상품화가 용이한 단순한 디자인으로 마시마로 봉제인형을 비롯한 캐릭터 상품이 크게 유행하기도 했다. 역시 2000년에 탄생한 뿌까는 상품화를 목적으로 만든 상품화 캐릭터이다. 강렬한 색채와 단순한 생김새, 아시안 소녀라는 정체성과 직관적으로 이해 가능한 스토리로 차별화하며 2002년 후지TV에서 방영된 애니메이션, 2003년 넥슨과 제작한 온라인 게임, 2009년 워너 브라더스와의 라이선스 계약 등 체계적으로 성장해 갔다. 뿌까는 해외시장을 염두에 둔 철저한 기획으로 경쟁력을 확보하여 성공적으로 원소스멀티유즈(One Source Multi-Use, OSMU)를 시행한 캐릭터로 평가받는다. 쌈지의 딸기 캐릭터는 최초로 백화점 내에 캐릭터 전문 매장을 운영했다. '딸기가 좋아'는 개성 있고 고급스러운 상품들로 사랑받았으며 2004년 파주 헤이리에 단일 캐릭터를 취급하는 국내 최초의 테마파크를 오픈하여 운영하였다.

2003년 세계 어린이들의 사랑을 받는 국산 캐릭터인 뽀로로가 탄생했

도봉구 쌍문동의 둘리뮤지엄과 둘리 테마파크

뿌까, 포돌이·포순이, 라이언, 수호랑

다. 뽀로로는 아이코닉스가 기획하고 오콘, SK브로드밴드, 삼천리총회사, EBS 등이 국내 기술로 공동 제작한 풀3D 애니메이션 '뽀롱뽀롱 뽀로로'의 캐릭터이다. 뽀로로는 기획부터 제작, 상품화까지 철저한 리서치를 통하여 완성되었고 다양한 분야의 사업자들이 협력함으로써 국내뿐 아니라 해외에서도 성공을 거둔 캐릭터로 평가받는다. 뽀로로의 큰 성공은 탄탄한 콘텐츠를 기반으로 하는 캐릭터의 무한한 가능성을 확인하는 계기가 되었다고 볼 수 있으며, 다양한 에듀테인먼트 콘텐츠의 등장으로 국산 어린이 캐릭터 시장이 성장하는 계기가 되었다.

2010년을 전후로 유아를 대상으로 하는 콘텐츠에 기반한 특색 있는 디자인의 캐릭터들이 등장하기 시작했다. '냉장고 나라 코코몽'(2008), '부릉! 부릉! 브루미즈'(2010), '꼬마버스 타요'(2010), '변신자동차 또봇'(2010), '라바'(2011), '캐니멀'(2011), '로보카폴리'(2011), '헬로카봇'(2014) 등의 애니메이션 캐릭터들인데 이들은 TV, 극장 애니메이션, 뮤지컬 등의 콘텐츠로 확산되고 교육 콘텐츠, 장난감, 학용품, 음식, 패션, 캐릭터 테마파크 등으로 확장되면서 유아동 시장에서 국산 캐릭터 점유율을 높이는 데 기여했다. 2015년 출시된 핑크퐁 상어가족은 동요와 애니메이션을 통해 다양한 장르로 캐릭터 브랜드를 노출시키며 에듀테인먼트 캐릭터로 세계화에 성공한 사례이다.

2009년 첫 스마트폰인 아이폰이 국내에 출시된 이후 캐릭터 시장은 큰 변화를 맞이했다. 애니메이션 산업과 연계된 산업으로만 인식되었던 캐릭터산업이 부가가치 높은 독자적 산업으로 주목받는 발판이 마련된 것이다. 2010년에는 카카오톡, 2011년에는 라인이 서비스를 시작하고 모바일 메신저를 통한 캐릭터 탄생 및 성장의 발판이 마련되면서 한국 캐릭터 시장은 모든 연령으로 사용자가 확대되었고 고급화, 다양화하기 시작했다. 네이버의 일본 자회사인 NHN재팬에서 만든 모바일 메신저 라인은 대만, 일본, 태국 등에서 널리 사용되고 있다. 2011년 라인의 스티커 캐릭터인 브라운앤프렌즈가 등장하였고 다양한 상품과 컬래버레이션 사업에서 인기를 얻고 있으며 국내에도 라인프렌즈 스토어를 전개하면서 국내외 고객층을 끌어들이고 있다. 카카오톡에서는 카카오프렌즈(2012)가 등장하였다. 무지, 콘, 프로도, 네오, 어피치 등 카카오프렌즈는 주로 국내 위주로 전개되었으며 국민 메신저인 카카오톡의 인기에 힘입어 다양한 산업에서 상품화 또는 컬래버레이션을 통해 활약하고 있다. 2016년 카카오프렌즈의 새로운 캐릭터인 갈기 없는 탈모 수사자 라이언이 탄생하며 기존에 캐릭터에 관심이 없었던 성인 남성층까지 공감할 수 있는 설정으로 큰 인기를 얻었다. SNS 캐릭터들은 가전제품, 골프의류 등 기존에 캐릭터를 잘 활용하지 않던 분야로까지 확장하며 인기를 얻고 캐릭터 소비 영역을 넓혔다.

이모티콘의 인기는 카카오 이모티콘 스튜디오, 네이버밴드 파트너스, 라인 크리에이터스 마켓 등 개성을 가진 이모티콘 캐릭터가 등장할 수 있는 창작 플랫폼을 탄생시켰고, 귀엽거나 재미있거나 엽기적인 다양한 우리나라 캐릭터들의 발전에 기여했다. 2012년 안드로이드용으로 출시된 선데이토즈의 애니팡은 SNS와 연동하여 국민게임으로 인기를 얻으며 애니팡 프렌즈라는 귀여운 동물 캐릭터를 유행시켰다. 애니팡은 2015년부터 과감한 투자를 통해 캐릭터 사업을 이어 가며 애니팡 프렌즈라는 단일 캐릭터 라인으로 '애니팡 사천성', '애니팡 포커' 등 게임뿐 아니라 팝업스토어, 웹툰, 애니메이션 등의 사업을 전개하고 있다. 2016년 무렵부터는 넷마블게임즈의 '세븐나이츠'와 '스톤에이지', 엔씨소프트의 '리니지'와 '메이플스토리' 등 게임회사들도 자사의 게임 캐릭터 IP를 이용한 다양한 온오프라인 콘텐츠 및 상품을 개발하고 있다.

2015년 전후로 생활 안전 및 교통 안전 캠페인에 라바, 뽀로로, 우당탕탕 아이쿠, 꼬마버스 타요 등이 활용되는 등 공공 부문에서 캐릭터의 사용도 활발해졌다. 서울시 버스노선 시스템에 기반하여 개발된 꼬마버스 타요의 디자인은 실제 서울시 시내버스에 적용되면서 많은 인기를 얻기도 하였다.

기업의 캐릭터 마케팅도 더욱 활발해졌다. S-OIL의 경우 2017년 마포구 공덕동 본사에 상설 캐릭터숍 구도일랜드를 열어 브랜드 가치를 높이는 상품들을 판매하였다. 메리츠화재의 걱정인형, 기업은행의 기은센, 우리은행의 꿀벌캐릭터 위비도 기업의 가치를 높이고 소비자와 친근하게 커뮤니케이션하는 캐릭터로서 활약하고 있다.

온라인상에서 다양하게 활용할 수 있도록 실제 인물 기반의 캐릭터 디자인도 활발해지고 있다. 캐리소프트는 2014년부터 '캐리와 장난감 친구들' 이라는 유튜브 콘텐츠에 등장하는 캐리언니 캐릭터를 만들어 완구, 뮤지컬, 키즈카페 등으로 사업을 전개하고 있다. 게임 유튜버 도티와 잠뜰로 유명한 샌드박스 네트워크는 2016년 샌드박스 프렌즈라는 캐릭터 브랜드를 만들고 유튜브 크리에이터 기반 캐릭터 IP를 다양한 상품, 게임 등으로 사업화하고 있다. 2017년에는 라인과 방탄소년단의 컬래버레이션으로 BT21이라는 캐릭터가 탄생하였다. BT21은 제작단계에서 방탄소년단 멤버들이 캐릭터 그래픽 디자인과 설정에 참여하는 과정까지도 콘텐츠화하며 큰 인기를 얻었다. 2020년에는 소속사에서 방탄소년단 멤버들을 형상화한 타이니탄이라는 캐릭터도 제작하였다.

2019년에는 유튜브를 기반으로 EBS에서 제작한 봉제인형탈 캐릭터인 펭수가 등장하여 큰 인기를 얻었다. 펭수는 기존의 인형탈 캐릭터와 달리 여러 다양한 콘텐츠에 진출하여 활동하며 인형탈 안의 실제 인물이 독특한 목소리와 말투로 통쾌한 메시지를 던지며 사람들의 공감을 얻었다. 2020년에는 싸이더스 스튜디오에서 정교한 그래픽 기술을 통해 탄생시킨 가상인간 로지가 SNS를 통하여 활동을 시작하고 신한라이프의 광고모델로 데뷔하였다. 이러한 흐름은 인플루언서 등 사회적 존재로서 캐릭터의 가능성을 보여 준다.

가상현실(Virtual Reality, VR), 증강현실(Augmented Reality, AR), NFC(Near Field Communication) 등의 기술이 발달하면서 다양한 플랫폼의 게임, 스마트 토이 등 IT 융합 캐릭터 시장도 커지기 시작하였고, 네이버 제페토와 같은 메타버스의 아바타 캐릭터 또한 온오프라인 콘텐츠와 플랫폼 융합의 시대에서 중요한 핵심자산으로 자리 잡고 있다.

캐릭터의 역사

		미국		일본		한국
~1929년	캐릭터 라이선스 탄생기	펠릭스 고양이(1919) 탄생 미키 마우스(1928) 탄생				
1930년대	캐릭터 라이선스 성립기	미키 마우스의 세계화 베티붑(1932) 탄생 백설공주와 일곱난쟁이(1938) 배트맨(1939) 등장				
1940년대 1950년대	캐릭터 라이선스 활성기	TV시대의 시작 트위티(워너 브라더스, 1947) 스누피 앤 찰리 브라운(1950) 잠자는 숲속의 미녀(1958) 101 달마시안의 개(1961) 스파이더맨(1962)	캐릭터의 기본형 탄생기	페코짱(1950) 레오(1950) 아톰(1952) 일본 캐릭터 비즈니스 시장 탄생 노다 깃코(깃코만 간장) 괴수붐		해태제과 해태 석상(1953)
1960년대	캐릭터 비즈니스 시작기	스누피 상품화(디터마인드, 1962) 핑크팬더(MGM, 1964) 디즈니랜드 개장(1965) 세서미 스트리트(1967)	애니메이션 캐릭터 비즈니스 확립기	컬러TV 방송과 함께 본격적인 캐릭터 시장 열림 상품화권(1964)이라는 말이 사용되기 시작 키티랜드(하라주쿠, 캐릭터상품전문점, 1966)		로케트 건전지 로켓보이(1964)
1970년대	캐릭터 비즈니스 확장기	세서미 스트리트 캐릭터 상품화 스타워즈(1977)	캐릭터 상품 정착기	도라에몽(1971) 마징가 Z(1972) 헬로키티(1974) 미래소년 코난(1978) 기동전사 건담(1979)	캐릭터 개념 도입기	임꺽정(고우영, 1972) 고인돌(박수동) 유한킴벌리, 뽀삐(1974) 수입만화영화의 TV 방영, 스누피(1975) 월트디즈니 캐릭터 수입 시작(1976) 극장용 만화영화 제작 활발, 로보트 태권V(1976)

(계속)

		미국		일본		한국
1980년대	캐릭터 라이선스 황금기	스타워즈 라이선스 성공 가필드(1983) LA올림픽(1984): 캐릭터 전개 심슨가족(1989) 딜버트(1989)	캐릭터 비즈니스 다양화	캐릭터 상품 규모 1조 엔대 홋카이도 스키캠페인에 뽀빠이(JAL), 스누피(ANA) 사용(1982) 캐릭터 상품이 차별화에 사용 동경디즈니랜드(1983) 캐릭터 라이선스 박람회(1984) 스튜디오지브리(1985) 호빵맨(1988)	캐릭터 시장 형성기	공포의 외인구단(이현세, 1983) 아기공룡 둘리(김수정, 1983) 바른손 부부보이, 리틀토미(1985) 박재동의 시사만화
1990년대		파워퍼프걸(1998) 스폰지밥(1999) 커리지(1999)	엔터테인먼트 도약기	마루코(1990) 세일러문(1992): 100여 개 일본 기업과 라이선스 계약, 1,200여 종 이상 아이템 출시 크레용신짱(1992), 슬램덩크, 파워레인저(1993) 1993년부터 스포츠 캐릭터 급성장 포켓몬스터(1995): 기획 단계부터 완구, 식품 등 머천다이징을 계획, 게임, 애니메이션, 캐릭터 상품 등으로 출시 사이버 캐릭터 다테 쿄코(1996) 에반게리온(1997), 카드캡터 사쿠라(1998)	캐릭터 시장 확산기 국산 캐릭터 산업의 태동	1990년대 중반 캐릭터의 고부가가치성에 대한 인식 확산 디즈니 장편 애니메이션 붐 모닝글로리 블루베어(1994) 제1회국제만화페스티벌(SICAF, 1995) 사이버 캐릭터 아담(1997) 쌈지, 딸기(1997) 국내 장편 애니메이션 제작: 붉은매, 돌아온 영웅 홍길동, 아마게돈, 아기공룡 둘리 등
2000년대		티미(2001) 미니언즈(2007) 아이언맨(2008) 검볼(2008)		센과 치히로(2001) 리락쿠마(2003) 하울의 움직이는 성(2004) 하츠네미쿠(2007)	국산 캐릭터 확산기	엽기토끼 마시마로, 짜장소녀 뿌까, 스노우캣, 방귀대장 뿡뿡이(2000) 마린블루스(2001) 뽀로로(2003)
2010년대~		핀과 제이크(2010) 겨울왕국(2013)		구마몬(2010) 쿠데타마(2013) 요괴워치(2013) 팝 팀 에픽(2014) 귀멸의 칼날(2016)	국산 캐릭터 발전기	꼬마버스타요(2010) 브라운앤프렌즈, 라바(2011) 카카오프렌즈(2012) 핑크퐁 상어가족(2015) 애니팡프렌즈(2016) BT21(2017) 펭수(2019)

자료: 신재욱(2008). 캐릭터 완전정복: 캐릭터 전문가로 도약하는 캐릭터 지침서. 사이버출판사. 저자가 표로 재구성.

캐릭터 산업 5

캐릭터 IP와 캐릭터 라이선싱

캐릭터 산업은 캐릭터라는 디자인물이 상표권, 저작권, 디자인권 등 지식재산권(Intellectual Property, IP)을 획득하고 상업적 의미가 부여되면서 시작된다. 상업적 의미는 캐릭터의 그래픽과 스토리 등을 포함한 고유성을 바탕으로 법적인 재화로 인정받아 거래 및 상품화가 가능해지고, 타인이 허가 없이 사용하지 못하게 되는 것을 의미한다. 여기서 고유성이란, 소재 자체에서 오는 전형적 생김새(토끼의 긴 귀, 돼지의 코 등)나 관습적인 표현(귀여운 캐릭터의 2등신 표현, 눈을 점으로 표현 등)을 제외하고 캐릭터의 외형, 소품 등의 독특한 표현방식을 말한다. 이러한 고유성을 가지고 법적인 재화로 인정받은 그래픽 이미지, 로고, 캐릭터 영상 등을 포함한 캐릭터 재산권을 캐릭터 IP라고 한다.

캐릭터는 사람에 비해 이미지 관리 및 유지가 용이하고, 지치지 않으며, 다양한 매체에 비교적 쉽게 활용할 수 있다. 또한 시간이 지나도 변치 않는 가치를 전해 주어 오랜 기간 사랑받을 수 있다. 그래픽과 애니메이션 기술

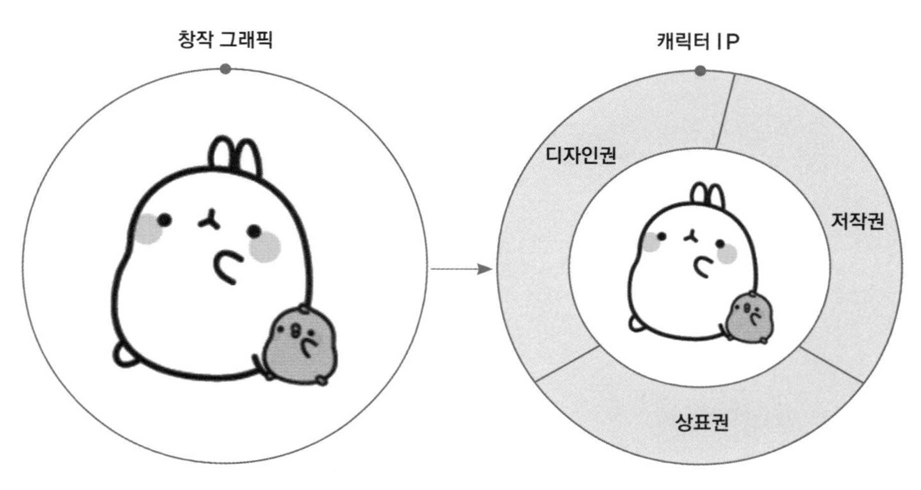

캐릭터 IP 개념

이 발달하고 광고, 제품 구매, 유희, 커뮤니티 활동 등 거의 모든 인간의 활동이 디지털 미디어를 통해 이루어지는 지금, 캐릭터는 디지털상에서는 실제 사람과 마찬가지로 활동할 수 있으며 다양한 콘텐츠와 플랫폼[7]의 융합에서 중심적인 역할을 할 수 있는 인플루언서로 진화하고 있다. 이러한 변화에 따라 기업 및 브랜드에서 캐릭터를 직접 개발하거나 사용권을 구매하여 캐릭터를 활용하는 경우가 늘고 있다.

캐릭터 산업은 기본적으로 1) 캐릭터 디자인 및 지식재산권 확보 단계, 2) 캐릭터를 임대 혹은 판매하는 라이선싱 단계, 3) 캐릭터를 활용한 콘텐츠 및 상품 제조 단계, 4) 다양한 매체에 캐릭터를 활용한 콘텐츠를 게시하거나 캐릭터 상품을 전문점, 문구점, 마트 등에 유통하는 등의 단계로 이루어진다. 캐릭터를 소유한 개인 혹은 업체와 캐릭터를 사용하고자 하는 업체 사이에서 저작권 대행업체가 복잡한 사업 관련 업무를 대행하고 캐릭터 사용을 관리하기도 한다.

캐릭터 산업 분류 체계

대분류	중분류	소분류	분류 체계 정의
캐릭터 산업	캐릭터 제작업	캐릭터 개발 및 라이선스업	소설, 만화, 애니메이션, 게임에 등장하는 독특한 인물이나 동물의 모습을 디자인하여 라이선스를 받는 사업체(캐릭터 디자인)
		캐릭터 상품 제조업	캐릭터 라이선스 비용을 지불하고 캐릭터를 포함하여 제조하는 사업체(캐릭터 상품 제조)
	캐릭터 상품 유통업	캐릭터 상품 도매업	캐릭터 라이선스 비용이 지불된 캐릭터 상품을 도매하는 사업체(모자, 귀걸이, 넥타이, 머리핀, 손수건, 브로치, 양말 등 포함)
		캐릭터 상품 소매업	캐릭터 라이선스 비용이 지불된 캐릭터 상품을 소매하는 사업체

자료: 문화체육관광부. 2019년 기준 콘텐츠산업조사. p. 21.

7 캐릭터 플랫폼은 캐릭터로서 생명이 시작되는 곳과 라이선싱 등을 통하여 출시된 콘텐츠나 상품이 유통되고 소비되는 온오프라인상의 콘텐츠가 존재하는 공간을 의미한다.

캐릭터 산업은 캐릭터 IP의 사용권을 타인에게 임대하거나 판매하는 라이선싱 관련 사업과 캐릭터를 적용한 상품을 제작, 유통, 판매하는 머천다이징 관련 사업에 기반을 두고 있다. 최근 몇 년 사이 SNS 및 온라인 유통 플랫폼의 발달로 인하여 캐릭터를 고안, 창작한 저작자 혹은 기업이 직접 캐릭터 관련 콘텐츠를 개발하고 상품을 제작 및 유통하는 경우도 점차 많아지고 있다. 문화체육관광부에 의하면 캐릭터 산업은 크게 캐릭터 제작업과 캐릭터 상품 유통업으로 분류하며 캐릭터 제작업은 캐릭터 개발 및 라이선스업, 캐릭터 상품 제조업으로 분류하고 캐릭터 상품 유통업은 캐릭터 상품 도매업, 캐릭터 상품 소매업으로 분류한다(2019년 기준 콘텐츠산업조사).

캐릭터 라이선싱(character licensing)은 캐릭터 IP를 가진 자와 캐릭터 IP를 사용하려는 자 사이에서 캐릭터 사용 목적, 지역, 사용 기간, 사용 조건, 사용료, 사용 범위 등의 내용을 협의하고 정한 내용에 따라 캐릭터 IP를 제품에 적용하거나, 서비스 또는 홍보의 매개체로 사용할 수 있는 계약을 체결하면서 이루어진다. 캐릭터 IP를 가진 주체를 라이선서(licensor)라고 하며 캐릭터 사용 권리를 임대하는 주체를 라이선시(licensee)라고 한다.

라이선시가 라이선서에게 캐릭터 사용에 대하여 지불하는 사용비는 최저 보증 수수료인 미니멈 개런티(minimum guarantee) 방식과 러닝 로열티(running royalty) 방식으로 나뉜다. 미니멈 개런티 방식은 캐릭터 사용권을 확보하기 위하여 라이선시가 일정 금액을 지불하는 방식이고, 러닝 로열티는 캐릭터 관련 상품의 매출액에 따라 일정 비율을 지불하는 방식이다.

라이선서는 캐릭터 라이선싱을 통해 금전적인 수익과 더불어 캐릭터의 가치를 향상할 수 있는 기회를 얻을 수 있다. 캐릭터 홍보 효과로 캐릭터 인지도가 높아지며 다양한 분야에 진출할 수 있는 기회를 얻을 수도 있다. 라이선시는 캐릭터를 상품이나 서비스에 적용함으로써 자신의 상품을 돋보이게 하며 판매를 촉진할 수 있다. 특히 캐릭터가 주로 적용되는 완구, 문구 등 경공업 제품들의 품질 차이가 크지 않은 경우 경쟁력을 높이는 차별화 방안으로 캐릭터를 활용하여 시장 점유율과 유통시장의 확대를 꾀할 수 있다.

캐릭터 머천다이징(character merchandising)이란 캐릭터 MD라고도 하는 데 독특한 캐릭터의 개성을 담은 캐릭터 상품을 제작하거나 캐릭터의 형태를 완구, 문구, 식음료, 잡화, 화장품류, 출판 등에 적용하여 활용하는 것을 포함한다.[8] 게임, 디지털 음원, 카페, 테마파크, 팝업스토어 등의 새로운 상품군도 이에 해당한다. 캐릭터 머천다이징에서는 무조건 유명 캐릭터를 사용하는 것보다는 상품의 특성과 타깃 등을 고려하여 가장 적합한 캐릭터를 활용하는 것이 중요하다. 요즘은 캐릭터 마케팅의 심화로 캐릭터 컬래버레이션(character collaboration)이 인기를 얻고 있다. 캐릭터 컬래버레이션은 이미 높은 인지도를 지닌 제조회사가 한시적으로 자신의 브랜드와 캐릭터가 동시에 잘 나타나도록 상품화하는 방식[9]으로 캐릭터와 상품이 잘 조화되도록 콘텐츠를 기획하고 디자인하는 능력이 중요하다. 기존의 머천다이징은 주로 자체 브랜드력이 약한 중소기업이 특정 대상에 소구하기 위하여 라이선스 계약을 통하여 일정 기간 캐릭터를 이용하는 것이며, 뽀로로 완구류와 같은 것이 이에 해당한다. 컬래버레이션은 자체 유통 및 제작, 브랜드력을 가진 중견 이상의 회사가 한시적 마케팅을 위하여 제품과 어울리는 캐릭터를 이용하여 제품을 생산하거나 홍보에 활용하는 것으로, 생산자의 브랜드와 캐릭터가 동등하게 상품에 표시되는 것이 특징이며 신용카드나 체크카드 등에 유명 캐릭터를 인쇄하거나 화장품 등의 패키지에 유명 캐릭터를 적용하는 것 등이 이에 해당한다.

머천다이징과 컬래버레이션의 차이

	머천다이징	컬래버레이션
업체	주로 자체 브랜드력이 약한 중소기업	자체 브랜드력을 가진 중견기업
기간	주로 1년 단위	한시적
특징	생산자 브랜드보다 캐릭터 및 캐릭터 브랜드 강조	생산자 브랜드와 캐릭터가 함께 표현되며 서로 시너지를 이룸

8 한국콘텐츠진흥원(2017). 2016 캐릭터 산업백서. p. 55.

9 한국콘텐츠진흥원(2018). 2017 캐릭터 산업백서. p. 94.

캐릭터 컬래버레이션:
오버액션토끼 × KB국민카드(좌),
오버액션토끼 × 더샘(우)

캐릭터 컬래버레이션은 기업이 자체 브랜드 캐릭터를 만들어 전개하는 브랜드 캐릭터와는 차이가 있다. 브랜드 캐릭터(brand character)란 기업 혹은 상품 브랜드의 아이덴티티를 나타내는 캐릭터로서, 미쉐린 타이어 브랜드 캐릭터 비벤덤이 19세기 말에 만들어진 이래 마케팅에 활용되어 왔다. 우리나라에서도 하이트진로의 두꺼비, 메리츠화재의 걱정인형, 삼양식품의 호치 등이 대표적인 브랜드 캐릭터이다. 캐릭터에 대한 관심이 높아지고, 상품의 홍보와 판매가 다양한 매체에서 이루어지면서 다양한 기업에서 브랜드 캐릭터를 자체 제작하여 사용하고 있다. 이들 브랜드 캐릭터는 브랜드의

브랜드 캐릭터: 삼양식품 호치와 친구들, 호치 라인 스티커

상품에 적용되고 유통망에서 홍보에 사용될 뿐 아니라 웹툰, 유튜브 동영상, 게임 SNS 등을 활용하여 스토리텔링을 하고 고객과 소통하는 홍보의 주체가 되기도 한다.

전통적으로 캐릭터를 이용한 사업은 '뽀롱뽀롱 뽀로로', '겨울왕국', '짱구는 못말려' 등 애니메이션을 이용하여 캐릭터의 인지도를 높인 후 캐릭터 완구나 기타 다양한 상품, 카페 및 테마파크 등으로 사업을 확장시키는 방식, 또는 뿌까, 헬로키티 등 상품화 캐릭터 IP를 이용하여 다양한 상품을 제작하고 유통망 중심으로 전개하는 방식이 있었다. 우리나라 캐릭터 산업이 성장하고 IT 기술이 발달함에 따라 이제는 철저한 기획을 통하여 이 2가지 방식을 병행하여 캐릭터 사업을 전개하는 경우가 많아지고 있다.

2009년 스마트폰이 우리나라에 들어오고 지난 10여 년간 빠르게 발전한 IT 기술을 기반으로 캐릭터는 기존 애니메이션 산업의 일부분으로 여겨졌던 것에서 이제는 캐릭터 IP 자체의 무궁한 가능성에 주목받으며 독자적인 산업으로 자리 잡고 있다. 캐릭터 IP는 다양한 산업 분야에서 활용될 뿐 아니라 캐릭터 IP를 중심으로 장르와 장르, 산업과 산업이 융합되는 중심적인 역할을 수행하고 있다. 이러한 흐름을 바탕으로 캐릭터 IP는 캐릭터 브랜드(character brand)로 발전하고 있다. 캐릭터 브랜드라 함은 캐릭터가 하나의 브랜드로 자리 잡는 것을 말한다. 노는 게 제일 좋은 파란색 펭귄 캐릭터인 뽀로로의 캐릭터 브랜드 가치는 2010년 서울산업진흥원에 의해 3,893억 원으로 평가받기도 했다. 캐릭터가 지속적으로 인지도를 유지하고 캐릭터 상품을 만들 때 최소한의 노력으로 신규 고객 창출과 신규 시장 진출이 용이한 환경을 만들어 가는 활동을 캐릭터 브랜딩이라고 할 수 있다.[10] 하나의 브랜드로 성장한 캐릭터는 다양한 장르와 제품을 통합하는 커뮤니케이션 수단이 될 수 있으며, 긴 시간 영속성을 가지고 소비자의 마음에 독자적으로 포지셔닝되어 생명력을 가지게 된다.

---

10 한국콘텐츠진흥원(2016). 2015 캐릭터 산업백서. p. 111.

캐릭터 산업의 특징

캐릭터 산업의 가장 큰 특징은 감성 커뮤니케이션에 기반을 둔 OSMU(One Source Multi-Use) 산업이라는 것이다. 캐릭터는 상상력과 감정을 원천으로 하면서 그래픽 디자인을 표현수단으로 하는 경우가 많으며 고도의 기획 능력과 창의성을 기반으로 만들어진다. 이렇게 태어난 캐릭터는 소비자의 나이, 성별, 문화에 구애되지 않는 친근함으로 소비자와의 정서적 유대감을 강화할 수 있다. 즉 캐릭터는 문화 간 장벽을 넘어 다양성을 존중하고 차별이 아닌 차이로 인식할 수 있는 가치를 담을 수 있는 것이다. 다양한 제품과 콘텐츠가 범람하는 현대 사회에서 캐릭터는 시공간의 제약을 넘어 새로운 콘텐츠나 제품에 대한 소비자의 관심과 주목을 이끌어 내는 중요한 연결고리가 된다. 낯선 제품이나 콘텐츠라도 내가 좋아하는 캐릭터가 적용되어 있는 경우 사람들은 호기심을 가지고 쉽게 친근감을 느낄 수 있다.

성공적인 캐릭터는 소비자와 애착관계를 맺고, 다양한 이야기를 만들어 나가며 소비자와 함께 변화하고 성장한다. 한번 만들어진 캐릭터는 지속적인 관리를 통하여 영속성을 가지고 오랜 기간 다양한 분야에서 고부가가치를 창조할 수 있다.

캐릭터 산업 사업체 및 매출액 통계

중분류	소분류	사업체 수(개)	종사자 수(명)	매출액(백만 원)
캐릭터 제작업	캐릭터 개발 및 라이선스업	666	4,941	963,687
	캐릭터 상품 제조업	446	14,431	5,490,756
	소계	1,112	19,372	6,454,443
캐릭터 상품 유통업	캐릭터 상품 도매업	461	3,359	1,916,594
	캐릭터 상품 소매업	1,181	14,789	4,195,848
	소계	1,642	18,149	6,112,442
전체		2,754	37,521	12,566,885

자료: 문화체육관광부(2021). 2019년 기준 콘텐츠산업조사. p. 275.

우리나라 캐릭터 산업은 눈부시게 발전하고 있다. 한국 캐릭터 산업은 2015년부터 2019년까지 연평균 약 5.7%의 매출 증가율을 보이며 지속적인 성장세를 보이고 있다. 캐릭터 시장의 형성기에는 미키 마우스, 헬로키티 등의 외국 캐릭터가 대부분이었으나 2010년대를 거쳐 오면서 뽀로로, 카카오프렌즈 등 국산 캐릭터가 50% 이상의 점유율을 보이기 시작했다. 캐릭터 산업의 발전이 이어지면서 수출액 또한 연평균 9.4%의 높은 성장률을 보였으며 2019년 기준 수출액은 7억 9,134만 달러, 수입액은 1억 6,695만 달러로 수출이 수입을 훨씬 상회하는 것으로 나타났다.

이러한 성장세의 배경에는 기본적으로 향상된 국내 캐릭터 디자인 수준이 있다. 캐릭터와 함께 자라며 꿈을 키운 세대들이 수준 높은 캐릭터를 만들고 또 소비하고 있다. 플랫폼의 발전 또한 이러한 성장을 촉진하였다. TV 애니메이션 외에 모바일 메신저가 새로운 플랫폼으로 등장하고 2012년 카카오프렌즈라는 이모티콘 캐릭터가 출시된 후 2014년 카카오, 네이버 등 대기업이 시장에 적극 참여하기 시작하면서 캐릭터 산업은 급변하기 시작했다. 성인들도 지갑을 열 수 있는 다양하고 고급스러운 상품군이 등장하고 캐릭터 IP가 에듀테인먼트, SNS, 광고, 기업 브랜드 캐릭터, 공공분야 등 다양한 분야에서 적극적으로 활용되면서 캐릭터 산업의 규모가 확대되었다. 캐릭터 자체도 하나의 브랜드와 같이 기획되고 관리되기 시작했으며, 물리적 공간을 넘나드는 플랫폼과 미디어의 융합이 이끄는 새로운 산업 생태계에서 캐릭터 브랜드는 사람과 기술을 잇는 새로운 콘텐츠의 중심으로 발전하고 있다.

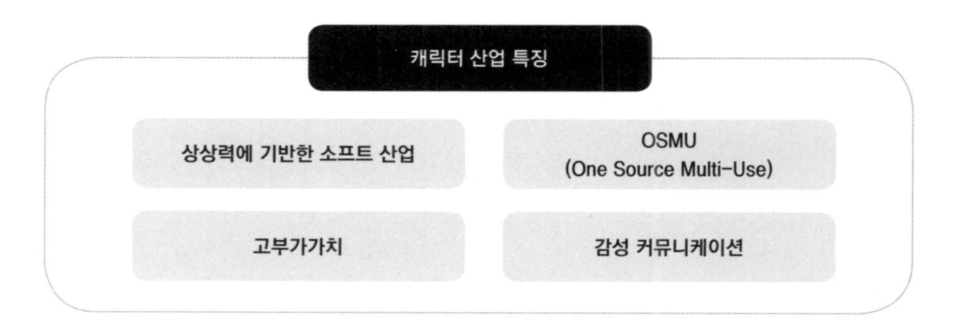

우리나라 캐릭터 시장의 특징

① 다양한 영역의 국산 캐릭터 강세

재능 있는 국내 디자인 인력, 그리고 IT 강국의 기술 및 네트워크를 활용하여 많은 국산 캐릭터를 탄생시키며 우리나라는 캐릭터 강국인 미국과 일본을 잇는 새로운 캐릭터 강국으로 부상하고 있다. 1983년에 태어나 40년 가까이 사랑받고 있는 아기공룡 둘리, TV애니메이션 기반의 뽀로로, 유튜브 콘텐츠 기반의 핑크퐁 아기상어, SNS 기반의 카카오프렌즈, 라인프렌즈, 글로벌 스타 방탄소년단과 협업한 BT21 캐릭터 등의 활약으로 캐릭터 호감도 10위 중 국산 캐릭터의 비율이 2020년 기준 78.4%를 차지하였다.[11]

국산 캐릭터들은 다양한 영역에서 활약하고 있다. 완구, 교육 콘텐츠 분야에서 뽀로로, 아기상어, 로보카폴리 등이 활약하고 있으며, SNS 이모티콘 분야에서는 카카오프렌즈, 니니즈를 비롯하여 여러 창작 캐릭터들이 활동하고 있다. 기업 아이덴티티 분야에서는 S-OIL의 구도일, 메리츠화재의 걱정인형, 우리은행의 위비프렌즈 등이 있으며 지역 및 공공단체 분야에서도

라인×방탄소년단의 캐릭터 BT21

11 한국콘텐츠진흥원(2021). 2020 캐릭터 산업백서.

경찰청 포돌이와 포순이, 고양시의 고양고양이 등의 캐릭터를 찾아볼 수 있다. 유튜브 플랫폼의 콘텐츠를 기반으로 활약하는 캐릭터에는 캐리소프트의 캐리와 캐빈, 샌드박스 스튜디오의 도티와 잠뜰 등이 있으며, 엔터테인먼트 산업에서 아티스트를 캐릭터화하여 콘텐츠와 세계관의 확대에 활용하는 사례로는 방탄소년단의 BT21이 있다. 게임 산업에서도 게임 내 캐릭터뿐 아니라 엔씨소프트의 스푼즈 등 자체 캐릭터 브랜드를 만들어 육성하고 있다.

② 캐릭터 소비 계층의 확대와 캐릭터 상품의 다양화 및 고급화

캐릭터 시장은 어린이용 문구나 완구, 그리고 일부 어른들의 취미생활을 중심으로 형성되어 있었다. 카카오톡, 라인 등에서 이모티콘 캐릭터가 널리 쓰이기 시작하면서 그전에 캐릭터에 관심이 없던 어른들도 이모티콘 캐릭터에게 친근함을 느끼기 시작하고 자신의 감성을 표현할 수 있는 커뮤니케이션 수단으로 사용하기 시작했다. 이에 힘입어 카카오프렌즈, 라인프렌즈 등은 오프라인 매장을 열고 기존의 팬시류, 문구류에서부터 의류, 자동차용품, 생활용품까지 다양한 종류의 질 좋은 상품군을 OEM과 라이선싱 등을 통하여 선보이게 되었다. 재미있고 화제성 있는 제품이나 서비스를 공유하는 SNS 문화의 확산, 자신의 감성을 중요시하고 일상 소비에서도 감성을 만족시키려는 트렌드 등에 힘입어 캐릭터 제품은 온오프라인에서 다양한 소비자들의 관심을 끌게 되었다.

캐릭터는 차별화된 아이덴티티를 표현할 수 있는 대표적인 디자인물이다. 다양한 상품과 브랜드가 범람하는 시대에 사람들이 호감을 가지고 공감하는 캐릭터들은 강력한 차별화 요소가 되었고 자기 표현의 수단이 되었다. 캐릭터 소비 계층이 다양해지면서 캐릭터 상품은 성인을 위한 다양한 상품으로 범위가 더욱 확장되었다. 화장품, 의류, 생활용품, 골프용품, 가전, 가구뿐 아니라 택시나 버스 등 운송수단, 은행 등 금융 산업, 스포츠 구단, 정보통신업계 등 다양한 분야에서 캐릭터 컬래버레이션이 활발해졌다. 키덜트 문화, 아트토이, 스마트토이, 일러스트 캐릭터 또한 캐릭터 다양화의 배경이 되었다.

카카오뱅크 체크카드, 카카오프렌즈×루이비통, 라이언 공기청정기

일러스트 캐릭터 육심원 가로수길 스토어, 라인프렌즈 스토어

③ 장르와 플랫폼을 넘나드는 캐릭터 중심의 융합

만화 캐릭터가 애니메이션, 뮤지컬 캐릭터로 제작되고 이모티콘 캐릭터는 인스타, 유튜브나 틱톡 등에 등장한다. 게임 캐릭터가 웹툰과 애니메이션의 주인공이 되며 다른 기업의 광고모델로 활약하기도 한다. '리그 오브 레전드'라는 게임의 캐릭터들은 K/DA라는 케이팝 그룹을 결성하기도 했다. 곰돌이 푸, 보노보노와 같이 오랜 기간 사랑받는 캐릭터들이 사람들에게 위안

을 주는 에세이집을 발간하기도 한다. 실제 인물인 유튜버, 아이돌 가수 등은 다양한 형태의 캐릭터로 디자인되어 다른 콘텐츠로 재탄생하고 유튜버 아포키, 버추얼 인플루언서 로지처럼 가상의 존재가 실제 인물처럼 유튜버와 인플루언서로 활약한다.

캐릭터는 장르와 플랫폼을 넘나드는 활약으로 콘텐츠 산업에서 영향력을 키워 가고 있으며 기존의 원소스 멀티유즈를 넘어 멀티소스 멀티유즈, 즉 채널별로 다른 콘텐츠를 만들어 SNS를 통해 콘텐츠를 자발적으로 확산하는 전략으로 성장하고 있다. 캐릭터에 대한 공감과 사랑은 캐릭터가 포함된 콘텐츠에 대한 관심으로 이어진다. 성별이나 인종 등으로 인한 거리감이 없는 캐릭터들은 문화적 감수성을 매개로 국경을 넘어서 커뮤니케이션이 가능하다.

모바일 기기, 컴퓨터, 사물인터넷(IoT), 클라우드(cloud), 빅데이터(big data), 인공지능 등을 기반으로 우리 주변의 정보통신기술은 점점 광범위하고 정교해지고 있다. 인간이 기술을 의식하지 않으면서도 점차 기술 속에서 살아가게 되는 세상에서 캐릭터는 이러한 기술 위에서 인간 고유의 감성을 표현하고 공유하는 수단이 될 수 있기 때문에, 온라인과 오프라인이 융합되

다양한 캐릭터 콘텐츠

는 시대에 기술이 발전할수록 독특한 개성과 문화적 감수성을 지닌 캐릭터를 디자인하고 육성하는 일은 중요하다.

캐릭터를 만나 볼 수 있는 곳

① 캐릭터 브랜드 매장

특정 캐릭터 브랜드의 다양한 상품을 만날 수 있는 매장으로 카카오프렌즈, 라인프렌즈, 건담베이스, 육심원 아트샵, 도토리숲(스튜디오 지브리) 등이 있다. 캐릭터 브랜드의 성격과 이미지를 극대화하기 위한 플래그십 스토어(flagship store)로 운영되는 경우가 많으며, 외관과 내부 디자인 및 상품 구성을 모두 해당 캐릭터에 최적화해서 보여 주며 브랜드 상품의 판매뿐 아니라 브랜드의 이미지를 높이는 것을 목적으로 한다.

라인프렌즈(하라주쿠), 육심원(가로수길), 건담베이스, 도토리숲(용산아이파크몰)

② 캐릭터 팝업 스토어

팝업 스토어(pop-up store)는 짧게는 몇 시간, 길게는 한두 달 정도의 짧은 기간만 운영하는 매장으로, 단기간에 캐릭터의 특징을 사람들에게 전달하고 다양한 상품을 만나고 경험하게 함으로써 캐릭터 가치를 높일 수 있다. 캐릭터 상품의 주요 고객층 유동인구가 많은 백화점 등에 소규모로 설치되는 경우가 많으며, 캐릭터 기업은 팝업 스토어를 통해 브랜드 매장 전개 여부 등의 사업 전략을 판단하기도 한다. 주류회사 하이트진로의 두껍상회는 캐릭터를 이용한 대규모 팝업 스토어를 통해 여러 이벤트를 전개하여 소비자의 관심을 끌어낸 마케팅 사례이다.

두껍상회 팝업 스토어 강남점(2021. 11.~2022. 1.)

③ 캐릭터 편집매장

아트박스, 대원샵 등 캐릭터 제조, 유통, 에이전시의 기능을 하는 캐릭터 업체 및 에이전시 업체들이 운영하는 매장으로, 기업에서 제작하거나 판권을 가진 다양한 캐릭터의 여러 상품을 한곳에서 만나 볼 수 있는 편집매장이다. 캐릭터 전문 기업이 아니더라도 롯데월드의 로리스 엠포리움은 로티·로리 상품 외에 보노보노 등의 다양한 캐릭터 상품을 선보이고 있으며, 신세계면세점 캐릭터존 등에서도 다양한 캐릭터를 만나 볼 수 있다.

아트박스, 로리스 엠포리움(롯데월드), 캐릭터존(신세계면세점)

④ **대형마트**

1993년 이마트 1호점이 오픈한 이래 문구, 완구, 생활용품 등을 생산하거나 유통하는 중소 업체들이 대형마트 입점 및 판매 경쟁을 위하여 캐릭터를 차별화 요소로 도입하면서 캐릭터 상품의 유통이 활발해지기 시작했다. 지금도 대형마트에서는 다양한 캐릭터 문구, 완구 등을 볼 수 있고 캐릭터가 적용된 생활용품들을 볼 수 있다. 이마트에서는 자체 캐릭터인 샤이릴라를 적용한 생활용품 라인을 선보이며 2019년에는 이마트 왕십리점에 샤이릴라 스토어를 오픈하여 이마트가 직접 만든 캐릭터인 샤이릴라, 콘치즈, 킹캣을 활용한 의류 및 생활용품, 문구 등 다양한 상품을 판매하고 있다.

이마트, 샤이릴라 스토어

⑤ **완구 전문점**

토이킹덤, 토이저러스, 창신동 완구거리 등 어린이를 대상으로 하는 완구 전문점에서도 다양한 캐릭터 상품을 볼 수 있다. 어른들을 위한 캐릭터 피규어나 상품 코너에서는 다양한 키덜트 상품들도 볼 수 있다.

⑥ 대형서점

교보문고나 영풍문고 등의 대형서점에서도 캐릭터 완구 및 문구류를 판매하는 코너를 운영하고 있다.

교보문고 광화문점

⑦ 캐릭터 테마 카페

특정 캐릭터를 주제로 하여 공간, 가구, 소품, 식음료 등을 디자인하여 제공하는 카페로서 캐릭터 브랜드를 총체적으로 경험할 수 있다. 캐릭터 인형과 사진을 찍거나 함께 앉아 캐릭터를 테마로 하는 식음료를 먹을 수도 있고 상품 구매도 가능한 곳이 많다. 라이언, 어피치 등 이모티콘 캐릭터, 낢과 진 등 웹툰 캐릭터, 일본 애니메이션 '원피스'나 찰리 브라운, 무민, 헬로키티 등을 테마로 하는 카페도 있다.

⑧ 캐릭터 테마 키즈카페

주로 영유아를 대상으로 캐릭터를 테마로 하는 놀이공간을 제공한다. 뽀로로 파크, 코코몽키즈랜드, 딸기가 좋아, 타요키즈카페, 슈퍼윙스키즈카페 등이 있다.

⑨ 종합테마파크

롯데월드, 에버랜드 등의 종합테마파크에는 자체 캐릭터 및 다양한 캐릭터 상품을 만나 볼 수 있는 상점들이 있다. 롯데월드에서는 자체 캐릭터인 로티·로리뿐만 아니라 보노보노, 짱구 등의 캐릭터를 만날 수 있는 로리스 엠포리움을 운영한다. 에버랜드에서는 레니와 친구들이라는 캐릭터와 판다랜드에서 태어난 아기 판다 푸바오를 소재로 만든 캐릭터 상품들을 만날 수 있다.

레니와 라라(에버랜드),
로티(롯데월드)

⑩ 박물관

캐릭터에 관한 자료가 모여 있는 박물관도 있다. 아기공룡 둘리를 테마로 하는 복합문화공간인 둘리뮤지엄은 어린이 놀이공간, 만화 도서관, 둘리 자료실 등을 갖추고 있으며 만화의 주요 무대인 도봉구 쌍문동에 자리 잡고 있다(www.doolymuseum.or.kr). 로보트 태권브이 박물관은 김박사와 훈이가 살았던 로보트 태권브이 기지를 재현한 콘셉트로 운영하고 있다(www.tkvcenter.com). 제주도의 헬로키티 아일랜드는 헬로키티 전시 및 상품 구매 공간과 카페를 함께 운영하고 있다(http://jacobce.cafe24.com).

⑪ 캐릭터 박람회

다양한 업체와 바이어 및 소비자가 만나는 공간인 캐릭터 박람회는 월간 아이러브캐릭터에서 주최하는 아이러브캐릭터 라이선싱쇼, 문화체육관광부가 주최하고 한국콘텐츠진흥원에서 주관하는 캐릭터 라이선싱 페어가 있다.

⑫ 온라인 스토어

캐릭터 브랜드 업체, 에이전시, 온라인 쇼핑몰 등 다양한 기업에서 캐릭터를 만날 수 있는 공간을 운영하고 있다. 캐릭터 및 캐릭터 용품 분야 사이트에 대한 정보는 랭키닷컴(http://www.rankey.com/rank/rank_site_cate.php) 혹은 아이러브캐릭터 사이트(https://ilovecharacter.com/)에서 확인할 수 있다.

아이러브캐릭터 사이트

캐릭터 브랜드 자체 쇼핑몰

카카오프렌즈샵 https://store.kakaofriends.com/index/today

라인프렌즈 https://brand.naver.com/linefriends

몰랑샵 https://www.molangshop.co.kr/

땡땡샵 http://www.tintinshopkorea.co.kr/

넷마블스토어 http://netmarblestore.com/

킨키로봇 http://kinkirobot.co.kr/

소니엔젤 http://www.sonnyangel.co.kr/index.html

익명상점 https://www.ikmyeongshop.com/

에스더버니 https://www.estherbunnyshop.com/main/index.php

육심원 아트샵 http://youkshimwon.com/

캐릭터 에이전시 및 유통업체 쇼핑몰

홍이키티 http://www.hong2kitty.com/index.html

우성상사 캐릭터샵 http://www.charactershop.kr/

대원샵 https://www.daewonshop.com/

애니팝몰 https://anipopmall.com/

글루미 캐릭터몰 http://gloomy.co.kr/

푸카푸카 https://www.pucapuca.co.kr/index.html

토마토팬시 http://tomatofancy.co.kr/

지원몰 https://www.jiwonmall.co.kr/

메론소다 http://melon-soda.co.kr/

소소팩토리 http://sosofactory.co.kr/index.html

레인몰 https://rainmall.co.kr/

대형 쇼핑몰, 문구 쇼핑몰

1300k https://www.1300k.com/

텐바이텐 https://www.10x10.co.kr/

아이문구 http://imungu.com/

성공한 캐릭터의 특징은 무엇일까?

성공한 캐릭터의 특징은 무엇일까?

1 캐릭터 성공의 기준

캐릭터의 탄생 목적에 따라 성공의 척도는 달라질 수 있다. 만화와 애니메이션 게임 등에 등장하는 캐릭터나 이모티콘 캐릭터와 같이 콘텐츠 및 커뮤니케이션을 위해 개발된 캐릭터는 이야기를 잘 전달하고 소비자의 관심과 공감을 얻어 생명력을 얻는다면 성공이라고 할 수 있다. 상품화 캐릭터의 경우는 상품 판매량이 캐릭터 성공의 중요한 기준이 될 것이며, 브랜드 캐릭터나 공공캐릭터의 경우 제작 목적에 맞게 잘 활용되고 소비자에게 호감을 주어 커뮤니케이션에 기여하고 나아가 브랜드 및 조직의 인지도와 가치를 높인다면 성공한 캐릭터라고 할 수 있을 것이다. 캐릭터는 처음 개발되었을 때의 목적에만 국한되어 사용되는 것이 아니다. 사람들의 관심과 사랑을 받으며 성장한 캐릭터는 다른 콘텐츠나 플랫폼에서 새롭게 활동하기도 한다.

좋은 디자인의 조건은 합목적성, 경제성, 심미성, 독창성이라 할 수 있다. 성공한 캐릭터는 이러한 4가지 조건에 더하여 캐릭터 탄생 후 오랜 기간 다양한 매체에서 활약하면서 소비자와의 관계를 쌓아 가는 캐릭터라고 할 수 있다. 캐릭터 디자인의 측면에서 이를 종합하여 보면, 성공한 캐릭터는 차별화되는 외형과 설정으로 잘 디자인되고 지속적으로 관리되어 소비자에게 호감을 주고 소비자와 애착관계를 형성하여 오랫동안 사랑받고 경제적 가치를 지니는 캐릭터라고 할 수 있을 것이다.

2 사랑받는 캐릭터의 특징

귀여워서, 친근해서, 재미있어서, 엽기적이어서, 멋있어서 등 사람들이 캐릭터를 좋아하는 이유는 다양하다. 한국콘텐츠진흥원의 자료를 보면 캐릭터 선호 이유를 캐릭터 디자인이 마음에 들어서, 캐릭터가 익숙해서/자주 봐서, 캐릭터의 행동이 좋아서, 캐릭터가 등장하는 콘텐츠가 좋아서, 캐릭터를 접목시킨 상품이 마음에 들어서, 주변인에게 인기가 많아서, 캐릭터가 나를 잘 표현할 수 있어서로 들고 있다.[12] 2017년부터 2020년도까지 사람들이 선호하는 캐릭터 상위 10위권에 포함된 캐릭터들을 보면, 단순하고 귀여운 외모와 설정(카카오프렌즈, 헬로키티), 가치관에 대한 공감(펭수, 카카오프렌즈 라이언), 친근함(뽀로로, 미키 마우스), 오랜 기간 쌓아 온 스토리에 대한 향수(짱구는 못말려, 도라에몽, 아기공룡 둘리), 게임 등 새로운 매체로의 지속적 융합 확장(포켓몬스터), 콘텐츠의 성공(겨울왕국, 마블) 등의 특징을 가지고 있다.

---

12 한국콘텐츠진흥원(2020). 2020 캐릭터 산업백서. p. 88.

차별화된 그래픽 디자인

캐릭터는 독특하고 개성 있는 외형을 가져야 하며 무엇보다 제작 목적에 맞게 디자인되어야 한다. 대중에게 사랑받는 수많은 캐릭터는 대부분 뚜렷한 개성을 가진 간결한 형으로 이루어지고, 단순하면서도 독특하고 차별화된 형태로 완성된다. 그래서 실루엣만 봐도 어떤 캐릭터인지 알아볼 수 있을 정도로 개성을 가지기도 한다. 캐릭터의 그래픽은 단순하고 깔끔하거나 귀여운 경우가 많지만, 설정과 추구하는 감성에 따라 어설프거나 완성도가 떨어져 보이는 경우도 있다. 반드시 완성도 높은 그래픽만 좋은 디자인이라고 할 수 없다. 창의적인 개성을 가지고 소비자의 감성을 자극하여 사랑받을 때 비로소 좋은 디자인이라고 할 수 있다.

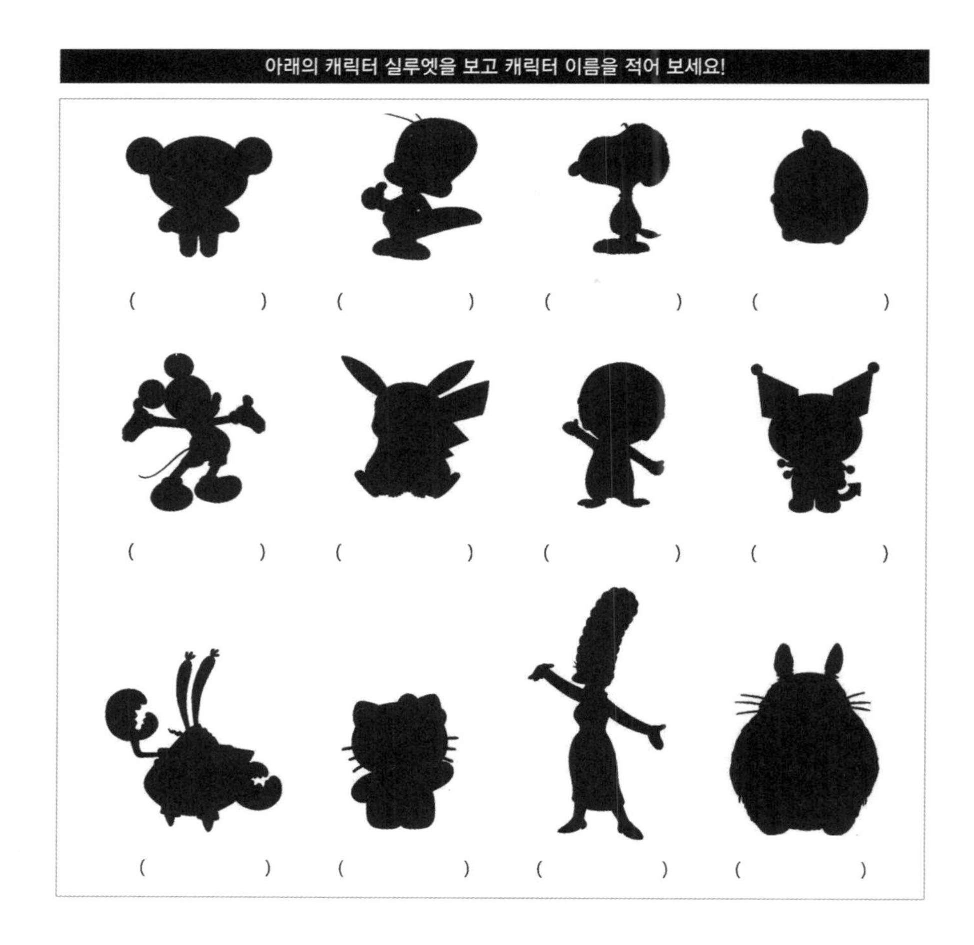

매력적인 스토리와 공감할 수 있는 가치관

첫눈에 반하든 오래 보아서 정이 들었든 사랑받는 캐릭터는 여러 가지 이유로 사람들과 관계를 맺고 관계를 지속한다. 모든 캐릭터는 눈으로 보이는 그래픽 외에도 가치관, 성격, 성장배경, 성별과 나이 등의 기본적인 설정을 가지고 있고 그 설정에 기반하여 자신만의 스토리를 가진다. 캐릭터에 따라 다르지만 캐릭터 스토리는 콘텐츠 내에서 더 확장하기도 하고 다른 콘텐츠로 새롭게 뻗어 나가기도 한다. 사람들은 말없이 귀엽고 예쁜 캐릭터를 보면서 꿈을 꾸기도 하고 캐릭터가 하는 말과 행동에 공감하며 통쾌함을 느끼기도 한다. 엽기적이고 재미있는 캐릭터를 보면서 즐거워하고, 섬세하고 아름다운 캐릭터를 동경하기도 한다.

오랜 기간 사랑받은 캐릭터들은 매력적인 스토리를 가지고 있으며 사람들이 공감할 수 있는 핵심 가치를 가지고 있다. 네덜란드의 토끼 캐릭터 미피를 탄생시킨 딕 브루나(Dick Bruna, 1927~2017)는 유년기가 행복해야 전 생애가 행복할 수 있다는 믿음을 가지고 있었다고 한다. 미피와 친구들은 아이들과 눈을 맞추기 위하여 항상 정면을 바라보고 아이들의 이야기를 들어 주는, 어린이와 늘 함께하는 친구이다. 미피는 전 세계에서 다양한 상품과 컬래버레이션을 하고 있지만 아이들의 치아 건강에 좋지 않은 초콜릿과 사탕 제품에는 사용권을 주지 않는다고 한다. 캐릭터가 주는 공감과 위로는 캐릭터와 함께 성장한 어른들을 위한 캐릭터 에세이 열풍에서도 찾아볼 수 있다.

캐릭터 스토리와 가치관에
기반한 캐릭터 에세이

공감 가는 관계성: 서브 캐릭터

서브 캐릭터는 메인 캐릭터와의 다양한 관계 맺음을 통하여 메인 캐릭터의 가치관과 성격을 더욱 뚜렷하게 보여 줄 수 있는 존재이다. 서브 캐릭터는 메인 캐릭터만큼 잘 알려지지 못하더라도 메인 캐릭터를 빛나게 해 주며 캐릭터의 세계관을 탄탄하게 만들어 주는 요소이다. 다양하고 개성 있는 서브 캐릭터는 다양한 스토리의 변화를 이끌 수 있으며 캐릭터와 오랫동안 교감할 수 있게 해 주기도 한다. 둘리를 괴롭히는 어른인 고길동을 미워하던 어린이가 어른이 되어서는 고길동을 이해하고 공감하기도 한다.

서브 캐릭터는 메인 캐릭터의 보조적인 역할을 하기도 하지만, 인기를 얻으며 독자적인 캐릭터로 성장하기도 한다. 찰스 슐츠(Charles Schulz, 1922~2000)의 만화 '피너츠'에서 처음에는 네발로 걷는 평범한 개로 등장했던 스누피는 주인공인 찰리 브라운과 그 친구들을 제치고 '피너츠'에서 가장 유명한 캐릭터가 되었다. 최근에는 메인 캐릭터와 서브 캐릭터를 명확하게 구분하기보다는 다양한 콘텐츠로의 확장성을 염두에 두고 마치 케이팝 아이돌 그룹을 기획하듯 각 캐릭터의 개성을 살린 캐릭터 그룹을 디자인하는 경우도 많아지고 있다.

'피너츠' 속 캐릭터 스누피와 에세이의 주인공으로 등장하는 고길동

적극적이고 지속적인 관리와 마케팅

소비자가 지속적으로 캐릭터에 관심을 가지고 공감하도록 하기 위해 캐릭터는 마치 살아 숨쉬는 사람처럼 일관되면서도 다양하게 변화하는 모습을 보여 주어야 한다. 이를 위해서는 처음 캐릭터의 세상을 만들어 낼 때부터 신중하게 기획하고 디자인해야 할 뿐 아니라 매체와 트렌드에 맞추어 다양한 그래픽을 다듬고 변화시키되 일관성을 유지해야 한다.

미키 마우스 등 오랜 역사를 가진 캐릭터는 시대와 매체, 콘텐츠의 변화에 따라 조금씩 그래픽을 다듬어 왔을 뿐 아니라, 캐릭터 콘텐츠화 및 상품화를 위하여 다양하게 변화된 응용 버전의 캐릭터를 만들어 내기도 한다. 또한 캐릭터의 생명력을 위해서는 캐릭터 본연의 가치관을 지키면서도 사회적 이슈에 민감한 감수성을 가지고 콘텐츠와 메시지를 관리해야 한다. 2021년 8월 핀란드의 캐릭터 무민이 일본 화장품 회사인 DHC와의 컬래버레이션을 중단했을 때, DHC 회장의 차별 및 혐오 조장 발언이 평화를 사랑하는 무민의 가치관과 완전히 반대되기 때문이라는 이유를 밝힌 바 있다.[13] 이는 오랜 기간 무민을 사랑해 온 사람들의 마음에 공감하는 것이 캐릭터의 수익보다 더 중요하다는 것을 보여 주는 사례라고 할 수 있다.

---

13 "'혐한' 日화장품 DHC, 인기 캐릭터 '무민'에 손절당해", 서울신문(2021. 8. 25. https://news.v.daum.net/v/20210825125101752).

3 성공 캐릭터 사례

개인 작가가 탄생시킨 디자인 캐릭터, 몰랑

몰랑이는 2010년 탄생한 찹쌀떡 토끼 종족이다. 얼룩몰랑, 까망몰랑 등 무한한 종류의 몰랑이가 존재한다. 몰랑이는 여유롭고 엉뚱한 무한긍정 토끼로, 피우피우라는 병아리 친구가 있다. 피우피우는 2013년에 태어난 보송보송 병아리로 감성적이고 예민한 귀요미이다. 몰랑이들이 저지르는 자잘한 사건들이 귀찮을 텐데도 다 받아 준다. 2010년 당시 대학생이었던 윤혜지 작가가 디자인하여 블로그를 통해 배경화면, 아이콘 등을 무료로 공유하며 알려지게 되었다. 귀여우면서도 무심한 캐릭터의 매력과 함께 SNS를 통하여 적극적으로 소비자와 교감을 쌓은 작가 덕분에 충성도 있는 고객을 만들며 10년이 넘도록 여전히 인기를 얻으며 사랑받고 있다.

말랑말랑한 찹쌀떡 같은 질감을 상상하게 하는, 단순하면서도 귀여운 그래픽과 귀여운 이름의 조화로 인기를 얻게 되면서 몰랑샵(https://www.molangshop.co.kr/)을 오픈하여 다양한 문구와 생활용품을 출시하고, 2012년 카카오톡 이모티콘을 출시하며 캐릭터 상품을 확장하기 시작하였다. 식품, 화장품, 의류, 게임 등의 분야에서 다양한 컬래버레이션을 진행하고 있으며, 롯데리아, 크리스피 크림과 장난감 프로모션을 진행하기도 하였다.

2014년 프랑스의 애니메이션 스튜디오 밀리마주(Millimages)가 프랑스 최대 민영방송국 카날플뤼스(Canal+)와 공동 제작한 TV 애니메이션 시리즈 '몰랑'은 190개국에 판매되고 유럽 지역 시청률 1위에 오르는 등 큰 인기를 끌었다. '행복을 전하는 토끼'라는 주제로 2020년 기준 시즌 4까지 총 204편이 제작되었으며, 몰랑이의 귀엽고 사랑스러운 디자인과 몰랑이만의 특유한 몰랑 언어로 제작되어 나이와 국적을 불문하고 사랑받고 있다. 디즈니채널, BBC 키즈채널 등 메이저 채널을 포함하여 2015년 이후 약 150개국에서 판매되었으며 우리나라에서도 2017년에 EBS에서 방영된 바 있다.[14] 현재는 유튜브와 넷플릭스 등에서 볼 수 있다.

애니메이션 '몰랑'의 인기를 보도하는 프랑스 TV 뉴스와 파리 지하철역 내 몰랑 애니메이션 시리즈 광고판

몰랑샵의 다양한 몰랑 상품

14 "프랑스 애니메이션 콘텐츠 제작사 국제배급 담당자 인터뷰". 코트라 해외시장뉴스(2020. 6. 20. https://news.kotra.or.kr/user/globalAllBbs/kotranews/album/2/globalBbsDataAllView.do?dataIdx=182745).

몰랑이 캐릭터를 활용한 프로모션(롯데리아, 크리스피 크림 도넛, 해태제과, 이랜드, 에브리타운 게임)

매력적인 그래픽 디자인

찹쌀떡 토끼라는 설정에 맞는 동글동글한 형, 그리고 단순한 선과 색으로 이루어진 그래픽이 말랑말랑에서 비롯된 몰랑이라는 이름과 어우러져 폭신폭신하고 부드러운 느낌을 잘 전달해 준다. 또한 성별을 알 수 없는 단순한 외모로 누구나 자신만의 몰랑을 상상할 수 있다. 이것은 위안을 주는 포근한 느낌, 꼭 껴안아 주고 싶은 사랑스러움, 그리고 나이 · 성별 · 문화를 넘어서는 포용력으로 연결되는 좋은 그래픽 디자인이다.

시대를 초월하는 스토리와 가치관

몰랑은 여유롭고 엉뚱한 무한긍정 토끼이다. 그리고 그를 포용해 주는 좋은 친구 병아리 피우피우와 함께하고 있다. 하얀색 몰랑이 가장 유명하긴 하지만 기본형을 유지한 채로 다양한 색과 얼룩이 있는 다른 몰랑들은 다양성과 평등을 연상시킨다. 몰랑 홈페이지(http://molange.co.kr/molang)에 따르면, 몰랑의 가치관은 성별, 연령, 국가와 상관없이 모두에게 사랑받는 캐릭터를 만들어 가는 것이라고 한다. 몰랑의 귀여운 외모와 포용력 있는 가치관은 국내뿐 아니라 다양한 문화권에서도 사랑받을 수 있는 원동력이 되었다.

지속적 관리와 마케팅

작가 블로그에 올라온 글을 보면 몰랑은 원래 무덤덤한 무표정과 게으르게 뒹구는 느긋한 감성의 캐릭터였다. 몰랑 애니메이션은 어린이들을 타깃으로 잡으면서 좀 더 명랑하고 발랄한 이미지를 위하여 그래픽에 변화를 주었다. 애니메이션의 몰랑은 약간 위로 올라간 입꼬리로 언제나 웃고 있는 느낌이며, 화려하고 독특한 배경 그래픽과 발랄하고 활발한 표정과 움직임, 그리고 알아들을 수는 없지만 이해할 수 있는 귀여운 몰랑어로 아이들을 사로잡는 경쾌함이 느껴진다. 디자인 원형을 유지하면서 목적에 맞는 섬세한 변화로 캐릭터의 외연을 확장한 것이다.

몰랑 그림체 변화(좌)와 애니메이션에서 표정이 다양해진 몰랑(우)

몰랑은 이모티콘, 캐릭터 상품, 애니메이션과 게임, 광고 등 다양한 분야에서의 컬래버레이션 외에도 작가의 SNS에서 꾸준히 공유되는 무료 이미지를 통해 소비자와 활발하게 소통하고 있다. 몰랑 공식 SNS 외에도 윤혜지 작가는 직접 꾸준히 트위터(@molang2010), 유튜브(비하인드 몰랑), 인스타그램(@molang2010)에서 몰랑 디자인과 콘텐츠 관련 내용을 공유하고 캐릭터 디자이너로서의 경험담, 작가의 소소한 감성을 표현하는 내용을 포함하여 적극적인 커뮤니케이션을 이어 가며 친근하고 따뜻한 몰랑의 이미지를 강화하고 있다.

몰랑이작가
@molang2010

치료가 필요할 정도로 심각한 수준의 중독증에 쓰는 의사밈 몰랑이짤ㅎㅎ 빈것도 같이 올립니당!

(feat. 이데아, 5시 53분의 하늘에서 발견한 너와 나, Dynamite)

진짜..한번 생각나면 못멈추겠어요♬

Translate Tweet

6:08 PM · Nov 30, 2020 · Twitter for Android

View Tweet activity

365 Retweets 16 Quote Tweets 532 Likes

몰랑이작가
@molang2010

수능 전날이네요.
당신은 몰랑이 합격기원떡 3종세트를 봐버렸어요.
대충 찍어도 찰떡같이 맞아버리는 기적이 일어납니다.
(내가 수능볼 때 그랬거든요. 한번에 대학 붙었어요.)

Translate Tweet

9:33 AM · Dec 2, 2020 · Twitter for Android

View Tweet activity

6.8K Retweets 413 Quote Tweets 6.3K Likes

몰랑이작가 @molang2010 · Dec 4
몰랑월드 펀딩 많이 참여해주셔서 감사해요♡ 이제 거의 50퍼센트를 달성하고 있습니다. 기념으로 피규어 모델링 3D배경 공유해요★ 몰랑이들의 귀여운 야간 캠핑 폰배경들☆
3D artwork by @neon3d_

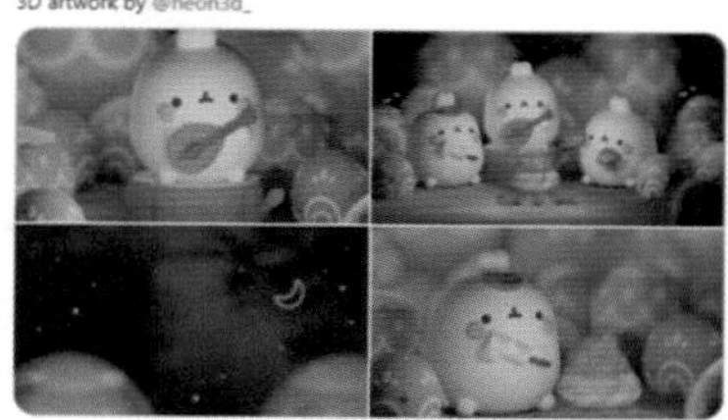

몰랑이작가 @molang2010 · Nov 25

몰랑월드 게임 펀딩 페이지 훑어보기 영상!
사진만으로 공지하기에 아쉬워서 펀딩페이지 미리보기 영상 만들어왔어요. 움직이는 이미지들이 많거든요♡
링크 들어가셔서 직접 보시면 더 많은 내용을 보실 수 있답니다♡...
Show this thread

2 122 254

몰랑이작가 @molang2010 · Oct 25
tumblbug.com/10molang
몰랑이 10주년 기념 피규어세트 텀블벅 기간이 이제 5일 남았어요! 마지막까지 많은 사랑 부탁드립니다♥
오늘 기념으로 사진을 좀더 찍어서 올려봐요~!

1 72 193

몰랑이작가 @molang2010 · Dec 7
tumblbug.com/molang1225
딱 2주만 진행하는 짧은 펀딩! 아크릴스탠드 겨울에디션이 나왔어요. 지금 #텀블벅 에서 예약받고있어요! #폰배경 으로 찍어서 미리보기 올립니다 :) 많이 구경와주세요~(댓글이어요) #크리스마스 ❄ #몰랑이 #겨울배경

3 146 321

몰랑이작가 @molang2010 · May 21
몰랑이를 교육용, 과제용 자료로 쓰셔도됩니다(자세한 내용은 이미지 안에 적혀있어요) 아이들의 흥미유발을 위해 강의 화면을 꾸밀 용도로 몰랑이를 쓰고 싶다는 한 선생님의 메일을 통해 이렇게 결정하게 되었습니다. 교육과 학습환경이 조금이나마 더 즐거워지기를 응원합니다 :D

31 10.9K 7.9K

몰랑 작가 트위터

디자이너 인터뷰: 윤혜지(몰랑 디자이너)

Q1. 지금 하고 있는 작업에 대해 간단히 소개해 주세요.

안녕하세요. 저는 몰랑이 캐릭터 IP 원작자로서 몰랑이를 제조, 서비스하는 거래처로부터 로열티를 받는 사업을 하고 있는 개인사업자이자 작가입니다.

Q2. 어디서 영감을 얻으시나요?

어릴 때부터 원래 캐릭터 디자인 제품을 모으는 것을 좋아해서 실제 제품을 구매하며 영감받기도 하고, 캐릭터랑 전혀 상관없이 좋아하는 일러스트나 패션디자인 쇼핑몰, 인테리어 소품 등 주변에 널린 제가 좋아하는 모든 것에서 색감, 조합, 구성 등에 영감받기도 합니다.

Q3. 캐릭터를 처음에 어떻게 개발하시나요?

우선 사람들이 주로 좋아하는 캐릭터들의 모티브, 색감, 선 굵기, 채색 스타일 등을 알아보고 비슷한 분위기로 표현하려고 해요. 인스타그램, 트위터, 다음카페 어플 속 인기글 등 플랫폼을 통해 사람들이 호감을 표현하는 캐릭터 디자인 관련 게시글을 꾸준히 보면서 지금은 이런 느낌의 캐릭터가 인기가 많구나 하는 분위기를 보고 새로운 캐릭터에 적용합니다. 보통 아이패드 프로크리에이트 앱에서 스케치를 하고 포토샵에서 형태를 성형한 뒤 일러스트레이터에서 ai 파일로 선을 정리하여 벡터파일로 만들어요.

Q4. 캐릭터 디자인에서 가장 중요한 것은 무엇이라고 생각하시나요?

캐릭터뿐만 아니라 대부분의 창작물은 소비자의 입장에서 보았을 때 대기업의 제품과 함께 놓고 비교하기 때문에 완성도 면에서 객관적으로 소비자가 비용을 지불하고 대기업 제품 대신 내 캐릭터를 선택할 여지가 있는지가 가장 큰 고려사항이라고 생각합니다. 다른 대량생산 제품들에 비해 나만 독특하게 표현할 수 있는 내 캐릭터만의 특별한 조합을 보여 줄 수 있는 차별화 포인트는 많아요. 스티커에 유독 특이한 색이나 금박 같은 후가공이 많이 들어가거나, 일반적이지 않은 독특한 세계관이 담긴 웹툰을 연재하는 등 개인 작업이기 때문에 보여 줄 수 있는 개성을 담아 보시면 신규 캐릭터로서 기성 캐릭터와 다른 매력을 어필할 수 있습니다.

Q5. 캐릭터를 상품화하거나 여러 콘텐츠에 활용할 때 고려해야 하는 점은 무엇인가요?

처음부터 캐릭터의 용도를 확실히 하고 디자인하시는 것이 중요해요. 콘텐츠 연재나 이모티콘 등 등장인물로서 연재에 활용하려는 목적이라면 감정 표현이나 이야기 진행에 걸맞은 매력적인 표정, 동작, 연출에 집중하고, 제품화를 더 중요하게 생각한다면 단순하면서 실루엣이 잘 기억나는 호감형 디자인, 생산성이 높은 쉬운 디자인에 집중해야 합니다. 실제로 웹툰으로서 유명한 캐릭터가 제품화 단계에서는 표현하기 어려운 디테일이 많아서 서적이나 드라마화로만 활용되는 경우가 많고, 반대로 제품에 어울리는 캐릭터로서만 개발되는 캐릭터는 이야기 연재를 하기에는 개성이 약한 경우가 많아요. 양쪽 모두를 챙기려고 욕심 내기보다는 본인의 그림 스타일이 어떤 방식에 맞는지 고민해 보시고 캐릭터의 활용방법을 확실히 하시는 것이 좋습니다. 캐릭터의 대표적인 모습을 딱 지정해 놓고 이미지 소스로서 활용하는 것이 즐거운지, 캐릭터의 다양한 동작과 이야기를 그려서 새로운 그림을 계속 그려 올리는 것이 즐거운지, 나의 그림 성향을 파악하고 캐릭터 활용 목적을 정하고 시작하시는 것이 좋아요.

Q6. 나의 캐릭터를 성장시키거나 홍보하기 위해 어떤 일을 하고 계신가요?

저는 캐릭터 자체의 감성을 전달하는 일러스트를 많이 그리기보다는 사람들이 관심 가질 만한 주제를 중심으로 SNS에 한두 컷의 이미지를 올리는 편입니다. 긴 글을 읽는 것이 익숙하지 않은 요즘 세대 친구들은 한눈에 빠르게 마음에 드는 이미지를 구경하고 좋아요를 누르고 지나가는 것에 익숙해졌어요. 그래서 한눈에 보기 쉬운 흥미로운 주제를 바탕으로 다양한 플랫폼에서 무료 이미지를 공유하고 있습니다. 인스타그램, 트위터, 유튜브 플랫폼에서 작가 계정을 개설하여 홍보를 하고 있어요. MBTI, 민트초코, 시즌별 기념일 등 사람들이 일상에서 흥미롭게 논의하고 공감하는 주제를 중심으로 그림을 그려서 흥미 위주 그림으로도 올리고, 폰 배경이나 프로필 사진용으로 공유하기도 합니다. 그리고 제품에 활용할 만한 이미지 소스도 비규칙적이지만 1년에 세 차례 이상 업데이트합니다. 사람들이 선호하는 색감, 소재, 테마가 항상 바뀌기도 하고 저도 취향이 계속 바뀌고 있어서 몰랑이의 의상이나 소품이나 배경, 캘리그라피 등 조합할 수 있는 새로운 그림들을 꾸준히 그려서 매뉴얼을 업데이트합니다. 그래야 저희 IP를 활용하는 거래처에서 신상품을 출시할 때 무리 없이 신규 디자인을 작업하실 수 있어요.

Q7. 캐릭터 디자인 공부를 시작하는 사람들에게 해 주시고 싶은 말씀은 무엇인가요?

솔직히 말씀드리면 캐릭터 디자인 또한 재능이 있어야 하는 분야입니다. 쉽고 단순하게 생긴 그림들이기 때문에 그만큼 비전공자도 많이 도전하고 있지만, '잘 팔리는 디자인'이라는 기준은 어느 정도 수준 이상을 충족시켜야 하고, 캐릭터의 완성도와 홍보 면에서도 항상 최신 트렌드를 읽는 감각을 지니고 플랫폼 활용을 활발히 해야 하는 분야이기 때문에 쉬워 보여서 시작한다는 마음을 가지셨다면 조금 더 신중하셨으면 좋겠습니다. 그리고 지금 우리가 보는 모든 캐릭터 성공 사례 이면에는 최소 3년에서 5년 이상 캐릭터를 알리고자 했던 노력들이 숨겨져 있어요. 당장 처음 출시한 이모티콘 수입이 너무 적어서 실망하지 마시고 실패하는 모든 과정이 다 성장의 밑거름이라고 생각하시고 반복해서 그리고 고쳐 나가는 과정을 견디셔야 드디어 하나의 캐릭터 IP가 완성됩니다. 캐릭터는 첫 출시 그대로의 모습을 끝까지 유지하는 경우는 없어요. 디즈니의 미키 마우스, 산리오의 헬로키티, 카카오프렌즈의 라이언과 어피치까지 모두 초기 모습에 비해 현재가 훨씬 예쁘고 활용도가 높아졌습니다. 첫 시작에서 완벽함을 바라지 마시고 시간이 흘러가는 대로 즐기면서 작업하시면 완성도는 차근차근 올라갑니다. 그만큼 매출도 안정적으로 변할 거예요.

Q8. 다른 협업자와의 커뮤니케이션에서 중요한 것은 무엇인가요?

디자인은 객관적이면서도 상당히 주관적인 영역이기 때문에 되도록이면 혼자 고집을 부리기보다는 통계적인 결과물을 바탕으로 이야기하는 것이 좋아요. 예를 들어 꼭 내가 만들고 싶은 디자인이 있는데 제조사에서 반대하는 디자인이라면, 제조사가 원하는 디자인과 내가 작업하고자 하는 디자인 2가지를 모아 놓고 SNS 계정에서 누가 기획했는지 이야기하지 않고 투표를 받아 보면 정확히 수치상의 결과가 나옵니다. 수치를 통해 디자인의 대중성을 증명하는 것을 생활화하시면 내 고집이나 협업자의 고집을 단 둘이 조절하는 것보다 더 이성적이고 객관적으로 판단할 수 있어요. 혼자서 방 안에서 고민하고 내 취향만 주장하지 마시고, 실제 마켓에서 어떤 것들이 유행하는지 많이 보시고 실제로 눈으로 보니 이렇더라 하는 경험치가 많이 쌓인다면 다른 협업자분들과 본인 둘 다 만족할 수 있는 합의점을 찾기 좋습니다.

실습 1

몰랑이 가지고 놀기

몰랑은 찹쌀떡 토끼 종족이다. 얼룩몰랑, 까망몰랑 등 무한한 종류의 몰랑이가 존재한다. 여유롭고 엉뚱한 무한긍정 토끼이고 피우피우라는 병아리 친구가 있다. 피우피우는 보송보송 병아리로 감성적이고 예민한 귀요미이다. 몰랑이들이 저지르는 자잘한 사건들이 귀찮을 텐데도 다 받아 준다. 다양한 색과 표정을 가진 몰랑을 그려 보자.

여유롭고 엉뚱한 무한긍정 토끼, 그리고 그를 포용해 주는 좋은 친구 병아리
우리는 성별, 연령, 국가와 상관없이 모두에게 사랑받는 캐릭터를 만들어 갑니다.
We create casual characters loved by everybody regardless of nationality, gender, or age.

컬러: 몰랑의 털을 색칠한다. 어떤 느낌의 몰랑으로 표현하고 싶은지 생각해 본다.

얼굴: 몰랑이에게 각각 다른 얼굴/표정을 그려 준다. 기존의 얼굴과 달라도 된다. 몰랑의 어떤 기분을 표현하고 싶은지 생각해 본다.

기타: 색, 얼굴, 소품을 포함하여 자유롭게 그려 본다. 각각의 몰랑이 어떤 느낌을 표현하도록 그려 본다. 어떤 상황/이미지를 표현하고 싶은지 생각해 본다.

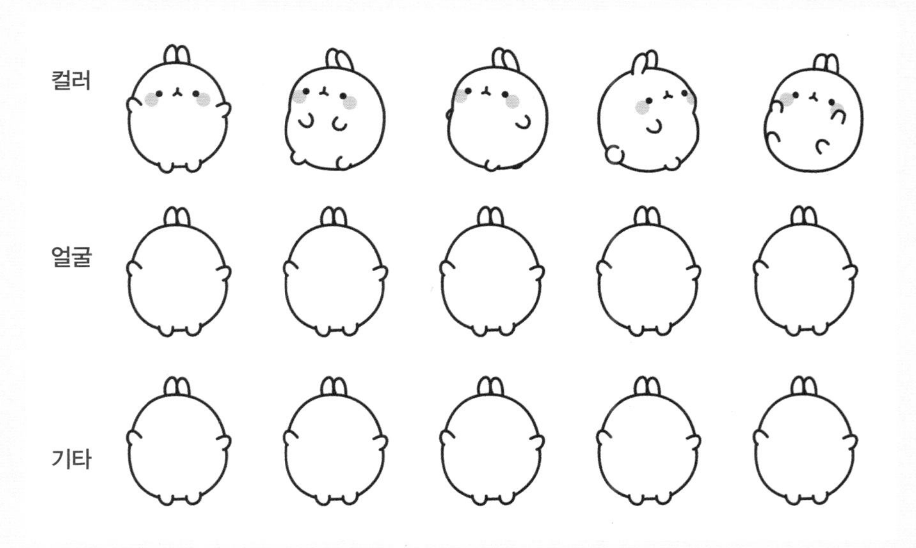

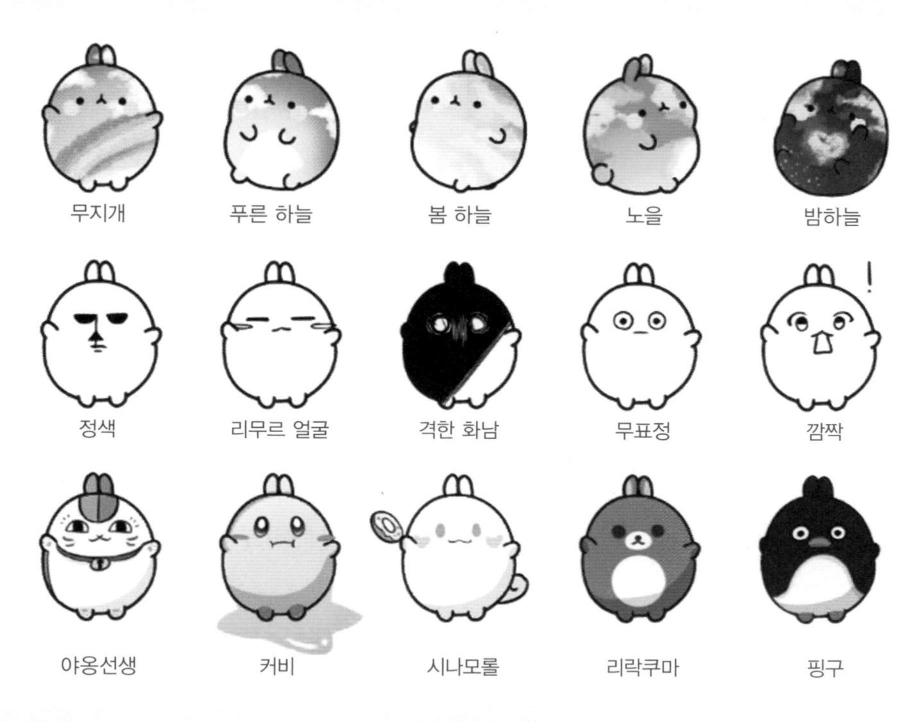
무지개
푸른 하늘
봄 하늘
노을
밤하늘
정색
리무르 얼굴
격한 화남
무표정
깜짝
야옹선생
커비
시나모롤
리락쿠마
핑구

학생 작품

목성몰랑
지구몰랑
태양몰랑
달몰랑
수성몰랑
입술몰랑
할배몰랑
코죽이몰랑
오몰랑
민화몰랑
마마몰랑
군인몰랑
k-할머니몰랑
일찐몰랑
양궁몰랑

학생 작품

학생 작품

학생 작품

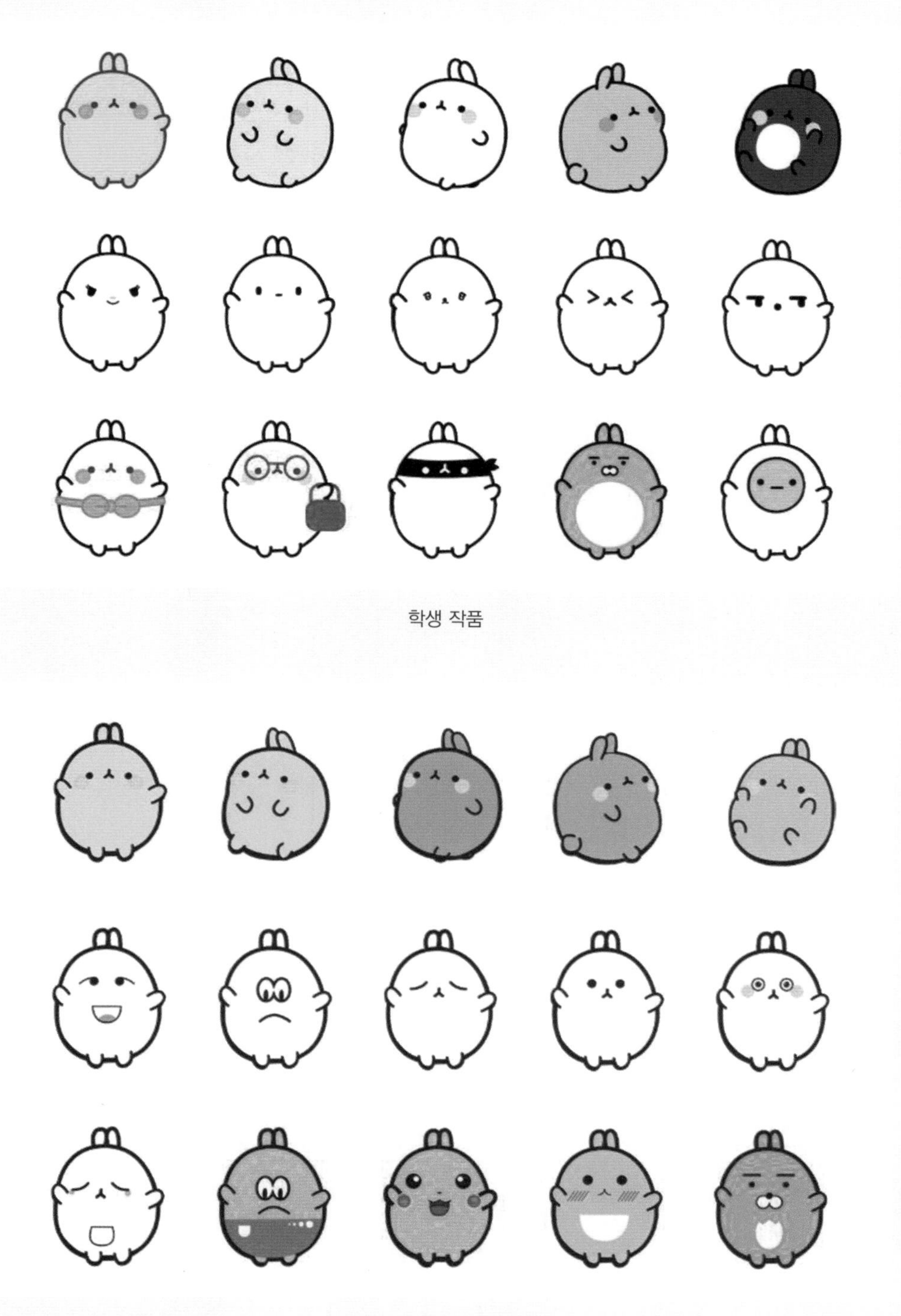

학생 작품

학생 작품

캐릭터의 구성 요소와 표현의 원리는 무엇일까?

캐릭터의 구성 요소와 표현의 원리는 무엇일까?

캐릭터는 기본 설정 및 그래픽을 기반으로 플랫폼과 콘텐츠에 맞는 다양한 그래픽 표현 방법, 감정 표현과 움직임, 사운드 등의 요소로 구성된다. 캐릭터를 디자인하는 것은 하나의 사회적 존재를 탄생시키는 것이므로 사회적·문화적 범용성, 플랫폼과 콘텐츠의 융합과 확장성 등을 염두에 두고 신중하게 디자인해야 한다. 또한 사회의 변화와 트렌드에 맞추어 계속 다듬고 성장시켜 나가는 것도 필요하다.

1 캐릭터 기본 설정

그림과 캐릭터의 차이점은 캐릭터에는 차별화되는 개성과 스토리 등 특별한 기본 설정이 있다는 것이다. 이러한 설정은 캐릭터를 단순한 그림이 아닌 생명력을 가지고 소비자와 상호작용할 수 있는 사회적 존재로 만드는 과정의 시작이며, 다른 캐릭터들하고도 차별화할 수 있게 하는 필수적이고 기본적인 요소이다. 캐릭터는 기존의 캐릭터와 구별되는 기본 설정과 그래픽을 통하여 세상에 존재하게 되고, 다양한 콘텐츠로 소비자와 소통하면서 세계관을 확장하고 생명력도 강해진다. 캐릭터에 생명을 불어넣는 기본 설정으로는 아이덴티티 구축, 이름(네이밍), 스토리, 캐릭터와 함께 스토리를 만드는 다양한 친구들(메인 캐릭터/서브 캐릭터) 등이 있다. 캐릭터 기본 설정을 기획할 때는 캐릭터의 주 소비자층 및 캐릭터가 주로 활약하게 될 플랫폼과 콘텐츠의 확장을 염두에 두어야 한다. 명확하고 구체적으로 설정하되 새로운 관계, 새로운 상황으로의 확장이 가능하도록 상상의 여지를 남겨 두는 것도 필요하다.

아이덴티티 구축

캐릭터의 아이덴티티는 캐릭터의 외적 및 내적 설정에 기반한다. 캐릭터의 외적인 특성을 이루는 요소는 캐릭터 소재, 이름, 나이, 성별, 학력, 직업, 국적 등의 기본 프로필, 생김새와 의상, 소품 등의 외형, 시간대와 사는 곳 등 환경적 특성 등이며, 주로 그래픽을 통하여 표현할 수 있다. 캐릭터의 내적인 특성을 이루는 요소는 성격, 가치관, 생활 신조, 소통 방식, 좋아하는 것/싫어하는 것, 매력포인트, 특이점, 자주 사용하는 말투, 습관, 취미, 약점 등이며 주로 캐릭터의 행동이나 말, 배경 설명 등에서 나타난다. 초기에 구축

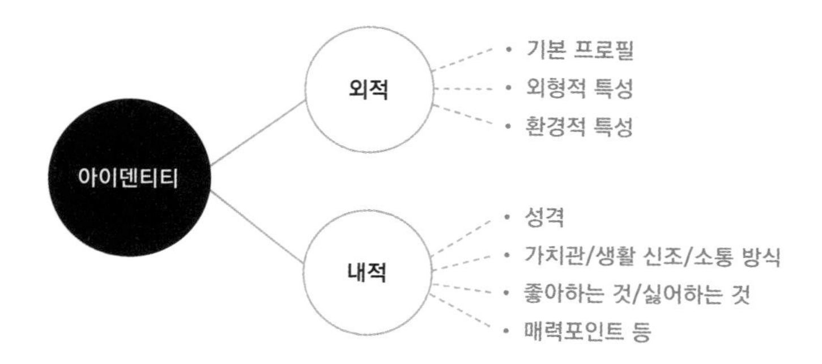

아이덴티티의 외적 설정과 내적 설정

된 캐릭터 아이덴티티는 소비자와 커뮤니케이션하면서 더욱 확실하게 드러날 수 있으며 시대와 환경에 맞게 조금씩 발전해 나가기도 한다.

외적 설정

1 기본 프로필: 이름, 나이, 성별, 학력, 직업, 종, 국적(민족)

사람이 태어나면 이름을 지어 주고 부르듯이 캐릭터도 그만의 이름을 정해 주어야 한다. 이름은 캐릭터의 특징을 잘 나타내며 기억하기 쉽고 부르기도 쉬워야 한다. 필수적인 것은 아니지만 캐릭터의 나이를 설정해 줌으로써 캐릭터의 아이덴티티를 확실하게 할 수도 있다. 펭수처럼 10살로 설정할 수도 있고 20살이나 5,000살 등으로 설정할 수도 있다. 그리고 나이를 알 수 없음으로 설정해 주어서 신비로움을 더해 줄 수도 있다. 성별은 남자, 여자, 혹은 알 수 없음 등으로 설정할 수 있고, 국적도 대한민국, 중국, 미국, 남극, 달, 은하계, 블랙홀 등으로 자유롭게 설정할 수 있다.

다음은 EBS의 TV프로그램 '자이언트 펭TV'에 등장하는 펭귄 캐릭터인 펭수의 기본 사항을 정리한 것이다.

이름: 펭수
나이: 10세
성별: 알 수 없음
종: 자이언트 펭귄
첫 등장: 2019년 3월 20일
직업: EBS 연습생, 유튜버
가족: 어머니, 아버지, 이슬예나 PD
고향: 남극
사는 곳: EBS 소품실 한구석(EBS 로비 2층 펭숙소)

2 외형적 특성: 얼굴, 체형, 신장, 헤어스타일, 의상, 소품, 대표 컬러

개성 있는 얼굴과 체형, 독특한 헤어스타일, 의상과 소품 등은 캐릭터의 기본 프로필과 연결되어 캐릭터의 아이덴티티를 더욱 명확하고 재미있게 표현할 수 있다. 비행사가 되고 싶은 뽀로로는 항상 헬멧과 고글을 쓰고 다닌다. 카카오프렌즈의 라이언은 수사자의 상징인 갈기가 없는 것이 콤플렉스이고, 꼬리가 밟힐까 봐 꼬리가 짧다 보니 수사자이지만 곰과 같은 외형을 가지고 있다. 정전기 공격이 특기인 피카츄는 노란색에 꼬리가 번개 모양이며, 높고 꼿꼿한 파란색 곱슬머리 스타일은 마지 심슨의 트레이드 마크이다. 마치 토끼인 척하며 항상 토끼 의상을 입고 다니는 단무지 무지, 파란색 요정 스머프 등 독특한 외형적 특성은 캐릭터의 중요한 아이덴티티로 사람들의 기억에 남는 가장 중요한 요소가 된다.

3 환경적 특성: 시대(시간), 거주지(공간)

캐릭터가 존재하는 시간과 공간 환경을 캐릭터의 특성에 맞게 재미있게 설정해 주면 캐릭터의 스토리를 독특하고 흥미진진하게 구성할 수 있다. 이는 캐릭터의 차별성을 강화해 주고 캐릭터의 존재를 그럴듯하게 보이게 하며 캐릭터가 전하고 싶은 가치를 전달하는 데 도움이 된다. 예를 들어 어린이들에게 바른 식습관과 위생 관념을 알려 주는 코코몽과 친구들은 소시지와 야채 등 다양한 식재료를 소재로 하며 냉장고 안의 상상의 나라에서 살고 있다. BT21의 타타는 지구에 사랑을 전하기 위해서 BT행성에서 왔다는 설정이다. 도라에몽은 도구를 사용하여 외국이나 우주, 과거나 미래로 갈 수도 있어 무궁무진한 이야기를 펼쳐 나갈 수 있다.

내적 설정

1 성격

캐릭터의 성격은 사람의 성격과 마찬가지로 다양하다. 펭수는 외향적이며 타인의 눈치를 보지 않고 거침없이 말하고 행동하는 솔직한 성격이라는 설정이며, 카카오프렌즈의 라이언은 덩치가 크고 표정이 무뚝뚝하지만 여리고 섬세한 소녀감성을 지녔다는 설정이다. 이러한 성격 설정은 캐릭터가 전달하는 감성과 메시지, 서브 캐릭터와의 관계, 스토리 및 콘텐츠 확장에 중요한 영향을 미친다. 캐릭터 성격을 개성 있고 재미있게 설정하기 위하여 실제 인물을 참고하면서 상상을 덧붙이거나 사람의 성격유형을 분류하는 도구인 에니어그램, MBTI 등을 참고하는 것도 도움이 될 수 있다. 캐릭터 성격은 소비자가 공감할 수 있도록 그럴듯하게 설정하되 캐릭터가 추구하는 목적과 가치에 맞도록 고정관념에 얽매이지 말고 독창적이고 재미있게 설정하는 것이 좋다.

• **에니어그램**

에니어그램(Enneagram)은 9가지 유형으로 이루어진 인간의 성격, 성향을 설명하는 도구이다. 에니어그램은 '아홉'이라는 뜻의 그리스어 에니어(ennea)와 '그림'이라는 뜻의 그라모스(grammos)에서 유래한 말이다. 즉 에니어그램은 9개의 점으로 이루어진 그림이라는 뜻이다. 에니어그램의 9가지 성격유형을 참고하여 재미있게 캐릭터의 성격을 설정할 수 있다. 에니어그램의 9가지 성격유형으로는 ① 개혁가, ② 돕는 사람, ③ 성취하는 사람, ④ 개인주의자, ⑤ 탐구자, ⑥ 충성하는 사람, ⑦ 열정적인 사람, ⑧ 도전하는 사람, ⑨ 평화주의자가 있다.

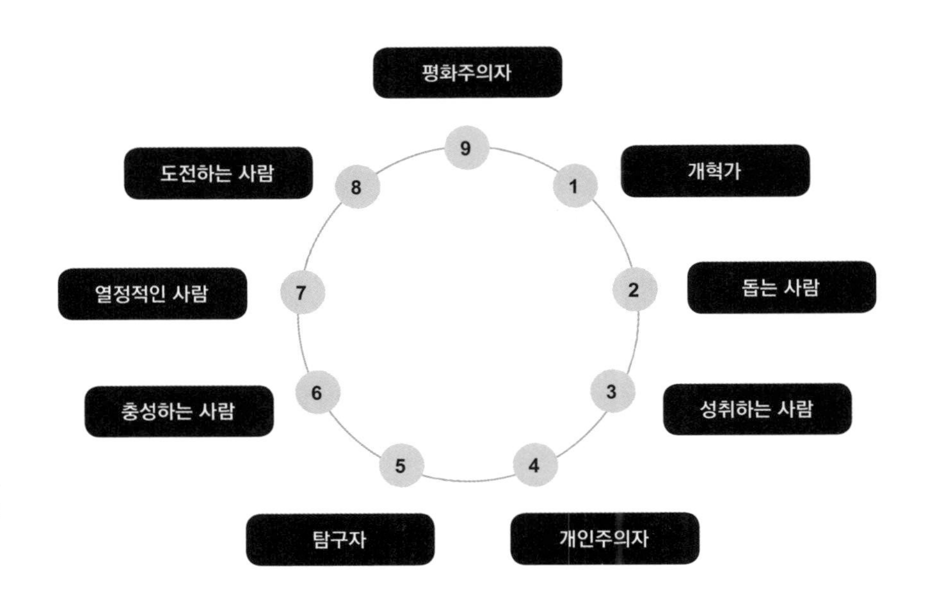

에니어그램의 9가지 성격 유형

자료: Don Richard Riso · Russ Hudson 저. 주혜명 역. 에니어그램의 지혜. 한문화. 2000. pp. 22-26을 저자가 재정리

① 개혁가 Performer

이상주의적이고 양심적이며 현명하다. 원칙적이고 자기관리에 철저한 타입이다. 세상을 변화시키고 부패를 없애고자 하는 열망이 크다. 완벽주의자이며 질서를 중요시한다.

② 돕는 사람 Helper

따뜻하고 너그러우며, 헌신적이다. 다른 사람들의 필요와 감정에 민감하고, 타인을 잘 보살피는 등 사람들을 즐겁게 한다.

③ 성취하는 사람 Achiever

성공을 향해 달려가는 유형이다. 적응을 잘하고 목표 지향적인 특징이 있다. 자신의 이미지를 중시하고, 재능을 연마해 항상 최고가 되려고 노력한다.

④ 개인주의자(예술가) Individualist

창조성과 직관력을 가지며 예술적 감각을 지니고 있다. 자신의 가치와 신념을 중시한다. 자신이 평범한 사람이 되는 것을 무척 경멸한다.

⑤ 탐구자 Investigator

냉소적이면서 호기심이 많고 창의적이다. 개념과 이론에 대해 토론하는 것을 즐기고, 새로운 지식을 발견하는 데 열성적이다. 때로는 은둔하는 모습과 허무주의를 보이기도 한다.

⑥ 충성하는 사람 Loyalist

자신의 의무를 다하는 신뢰할 수 있는 유형이다. 그리고 안전을 중요시하는 유형으로 더 안전한 미래를 얻는 쪽으로 자신의 결정을 내린다.

⑦ 열정적인 사람 Enthusiast

분위기 메이커이며, 모험을 즐기고 활기찬 특성을 갖고 있다. 새로운 경험을 좋아하고 가능한 많은 활동에 참여하려 하며 바쁘게 살아간다. 때로는 혼란을 가중시키는 인물로 보일 수 있다.

⑧ **도전하는 사람** Challenger

강하고 자신감이 넘치고 확고한 유형이다. 독립적으로 일하는 것을 좋아하고, 자율적으로 행동하는 것을 중요시한다.

⑨ **평화주의자** Peacemaker

여유가 넘치면서도 협조적인 특성을 지닌다. 사람들이 화합하게 하며 갈등을 치유하는 재능이 있다. 안전한 삶을 추구하며 친근한 편이다.

• **MBTI**

사람의 성격유형을 16가지로 구분한 지표이다. MBTI는 개인마다 태도와 인식, 판단 기능에서 각자 선호하는 방식의 차이를 나타내는 4가지 선호 지표로 구성되어 있다(Myers, Kirby, & Myers, 1998).

① **외향성 대 내향성** Extraversion vs Introversion

심리적 에너지와 관심의 방향이 자신의 내부와 외부 중 주로 어느 쪽으로 향해 있는지를 보여 주는 것이다. 외향적인 사람은 사교적이고 활동적이며 말로 표현하기를 즐기고 먼저 행동하고 생각하며 자신을 드러내는 경향이 있다. 내향적인 사람은 자신의 내면에 더 귀를 기울이고 내적 활동을 즐기며 생각을 마친 후 행동하는 경향이 있다.

② **감각형 대 직관형** Sensing vs iNtuition

사람이나 사물 등의 대상을 인식하고 지각할 때 감각형의 사람은 일반적으로 실제적이고 사실적인 것을 중요시하며 세심하게 관찰한다. 직관형의 사람은 상상력이 풍부하고 창조적이며 가능성을 중요시하고 비유적인 묘사를 선호하는 경향이 있다.

③ **사고형 대 감정형** Thinking vs Feeling

수집한 정보를 바탕으로 판단할 때 사고형의 사람들은 객관적이고 분석적으로 판단하며 원칙을 중요시하고 비판적으로 맞다/틀리다식의 사고를 하는 경향이 있다. 감정형의 사람들은 인간관계나 상황적 특성을 고려하여 판단하며 좋다/나쁘다식의 사고로 원칙보다는 사람들에게 어떤 결과를 가져올지를 생각한다.

④ **판단형 대 인식형** Judging vs Perceiving

판단형의 사람들은 빠르고 합리적이며 옳은 결정을 내리고자 하고, 조직적이고 체계적으로 행동하는 경향이 있다. 인식형의 사람들은 상황에 맞추어 행동하고 호기심이 많으며 상황에 따라 유연하게 행동하는 경향이 있다.

ISTJ	ISFJ	INFJ	INTJ
책임감이 강하며, 현실적이다. 매사에 철저하고 보수적이다.	차분하고, 헌신적이며, 인내심이 강하다. 타인의 감정 변화에 주의를 기울인다.	높은 통찰력으로 사람들에게 영감을 준다. 공동체의 이익을 중요시한다.	의지가 강하고, 독립적이다. 분석력이 뛰어나다.
ISTP	**ISFP**	**INFP**	**INTP**
과묵하고, 분석적이며, 적응력이 강하다.	온화하고, 겸손하다. 삶의 여유를 만끽한다.	성실하고, 이해심 많으며, 개방적이다. 잘 표현하지 않으나, 내적 신념이 강하다.	지적 호기심이 많으며, 잠재력과 가능성을 중요시한다.
ESTP	**ESFP**	**ENFP**	**ENTP**
느긋하고, 관용적이며, 타협을 잘한다. 현실적 문제 해결에 능숙하다.	호기심이 많으며, 개방적이다. 구체적인 사실을 중시한다.	상상력이 풍부하고, 순발력이 뛰어나다. 일상적인 활동에 지루함을 느낀다.	박학다식하고, 독창적이다. 끊임없이 새로운 시도를 한다.
ESTJ	**ESFJ**	**ENFJ**	**ENTJ**
체계적으로 일하고, 규칙을 준수한다. 사실적 목표 설정에 능하다.	사람에 대한 관심이 많으며, 친절하다. 동정심이 많다.	사교적이고, 타인의 의견을 존중한다. 비판을 받으면 예민하게 반응한다.	철저한 준비를 하며, 활동적이다. 통솔력이 있으며, 단호하다.

MBTI에 따른 16가지 성격유형

2 가치관/생활 신조/소통 방식

캐릭터의 가치관은 캐릭터가 사회적 존재로 활동하는 데 매우 중요한 요소이다. 사람들은 캐릭터가 추구하는 핵심가치와 생활 신조, 소통 방식을 보고 공감하며 매력을 느끼기 때문이다. 수십 년간 전 세계 어린이의 친구인 캐릭터 미피는 어린이의 행복한 유년기를 가장 소중히 여기는 가치관을 가지고 있으며, 말없이 어린이와 늘 눈을 마주쳐 주는 소통 방식으로 어린이의 마음을 이해하는 캐릭터이다. 펭수는 노력과 공정함을 중요하게 여기며 부당한 권위에 굴하지 않고 사이다 발언을 하되 선을 넘지 않는 재치 있는 소통 방식으로 사람들의 사랑을 받았다. 캐릭터의 가치관은 캐릭터 디자이너의 가치관, 혹은 캐릭터 제작 목적에 따라 기획하게 되며 좀 더 과장되거나 특별하고 재미있는 방식으로 표현하는 것이 효과적이다. 또한 캐릭터의 생명력을 위해서는 캐릭터와 관련된 모든 플랫폼과 콘텐츠, 상품, 활동에서 가치관과 일관된 행동, 메시지를 유지하는 것이 무엇보다 중요하다.

3 좋아하는 것/싫어하는 것

도라에몽은 단팥빵을 좋아하고, 뽀로로는 비행사를 꿈꾸며, 쿠키몬스터는 쿠키를 무지무지 좋아한다. 니니즈의 쌍둥이 펭귄 캐릭터인 케로와 베로니는 겨울과 추운 날씨, 목욕을 싫어하고, 따뜻한 불과 담요, 수면 양말을 좋아한다. 겨울왕국의 올라프는 여름에 대한 환상을 가지고 있다. 이렇게 캐릭터만의 좋아하는 것과 싫어하는 것을 재미있고 특별하게 설정해 주면 캐릭터 아이덴티티가 확립되는 데 큰 도움이 된다.

4 매력포인트/자주 사용하는 말(말투)/습관(버릇)/취미/약점(콤플렉스)/특이점

캐릭터의 매력포인트, 자주 사용하는 말, 버릇 등 특이점을 설정해 주자. 이는 캐릭터만의 개성이 된다. 카카오프렌즈의 라이언은 겉보기에는 얼핏 곰처럼 보이지만 사실은 갈기가 없는 수사자로서 현대인의 탈모 콤플렉스를 연상시키는 특징이 있다. 둥둥섬의 왕위 계승자로 태어난 수사자 라이언은 다른 가족들과는 다르게 갈기가 없는 자신의 모습에 정체성의 혼란을 느껴

왕의 자리에 오르기보다는 또 다른 세상에 대한 호기심을 키운다. 어느 날 라이언은 둥둥섬 탈출에 성공하고 생각지도 못했던 친구들을 만나며 흥미로운 이야기들을 만들어 간다.

네이밍

캐릭터 네이밍의 정의

캐릭터 네이밍은 캐릭터의 아이덴티티를 나타내고 다른 캐릭터와 구별해 주는 그 캐릭터만의 이름을 짓는 것을 말한다. 캐릭터 네이밍은 '라이언', '어피치', '네오' 등 개별 캐릭터 네이밍, '카카오프렌즈'처럼 여러 개별 캐릭터가 포함되어 있는 캐릭터 브랜드 네이밍, '라이언, 더 라이언'(카카오페이지 웹툰), '피치파이브'(유튜브) 등 캐릭터들이 등장하는 캐릭터 콘텐츠 타이틀 네이밍 등으로 구분해서 생각할 수 있다. 캐릭터 네이밍은 해당 캐릭터만의 고유한 특성인 식별성 및 다른 캐릭터 이름과 유사하지 않게 구분할

캐릭터 네이밍				
캐릭터 브랜드 네이밍	카카오프렌즈	BT21	뽀롱뽀롱 뽀로로	뿌까
개별 캐릭터 네이밍	라이언, 춘식, 무지, 어피치, 프로도, 네오, 튜브, 제이지	코야, RJ, 슈키, 망, 치미, 타타, 쿠키, 반	뽀로로, 크롱, 에디, 루피, 포비, 패티	뿌까, 가루
캐릭터 콘텐츠 타이틀	라이언, 더 라이언 (카카오페이지) 피치파이브(유튜브)	BT21 UNIVERSE (유튜브)	뽀롱뽀롱 뽀로로 (TV 애니메이션) 똑똑박사 에디 (TV 애니메이션) 뽀로로 컴퓨터왕국 대모험 (극장판 애니메이션)	짜장소녀 뿌까 Pucca Funny Love (TV 애니메이션)

캐릭터 네이밍의 분류와 예시

수 있는 차별성을 갖추어야 한다.

'뿌까', '몰랑' 등 개별 캐릭터 이름이 곧 캐릭터 브랜드의 명칭이 되기도 하고, '카카오프렌즈'처럼 캐릭터 그룹의 명칭이 캐릭터 브랜드의 명칭이 되기도 한다. 캐릭터 브랜드에 속하는 모든 캐릭터 이름을 상표로 등록하기는 어렵지만 캐릭터 IP의 권리를 지키기 위해서 대표적이거나 중요한 이름은 상표로 등록하여야 한다. 세계적으로 수많은 상품과 콘텐츠를 갖추고 있는 포켓몬스터의 경우 '포켓몬스터', '포켓몬', '피카츄', '파이리', '리자몽'

유명 캐릭터들의 네이밍 사례

① 둘리나라의 '둘리', '도우너', '마이클'

'둘리' 이름을 지을 때 둘리, 맘마, 도레미 등 다양한 안이 있었지만 친근감 있고 발음하기 쉬운 둘리가 선택되었다. 또한 만화 초기에 공룡을 두 마리 나오게 할 계획이 있어서 둘리라고 지었다고 한다. '도우너'는 도너츠에서, '마이클'은 마이클 잭슨에서 연상하여 만들었다.

② 아이코닉스의 '뽀로로'

펭귄의 첫 이니셜인 'P'의 한글 발음인 'ㅍ'과 발음하기 쉽도록 'ㄹ', 'ㅗ' 발음이 들어가게 하고 통통 튀는 느낌이 나도록 이름을 지었다. 그래서 처음 나온 이름이 '뽀뽀로'인데 일본에서 이미 쓰고 있었고, 다음으로 '뽀로뽀로'라는 이름을 생각했으나 그것 역시 국내에서 쓰고 있어서 마지막으로 나온 것이 '뽀로로'이다. 또한 '아기곰 푸'처럼 캐릭터의 정체성을 나타내기 위해 수식어를 붙여 '꼬마 펭귄 뽀로로'라고 하는 안이 나왔으나 너무 평범해서 수정된 것이 지금의 '뽀롱뽀롱 뽀로로'이다. 해외 진출을 염두에 두고 다른 문화권에서 '뽀롱뽀롱 뽀로로'에 언어적으로 나쁜 뜻이 담기지 않았는지 확인하고 문제가 없어서 확정하였다. 북극곰(폴라베어)인 '포비'는 영문 이름 가운데 '폴'과 '베'에서 영감을 얻었고, 영리한 캐릭터인 '에디'는 에디슨에서 아이디어를 가져왔다.

③ 부즈의 '뿌까', '가루'

'뿌까'는 별 뜻이 없고 유아들이 말하는 의성어 중에 '푸카푸카' 하는 단어에서 착안하였다. 그래서 초창기의 이름을 '푸카'로 했다가 발음상의 이유로 '뿌까'로 수정되었다. 또한 '푸카'라는 이름이 이미 상표등록이 되어 있던 점도 '뿌까'로 바꾸게 된 이유 중 하나이다. '가루'에는 2가지 사연이 있다. 가루는 닌자 캐릭터로 카케마루라는 일본 사무라이 캐릭터에서 맨 앞 글자와 뒷 글자를 따서 '카루'라고 지었다가 발음상의 이유로 '가루'가 되었다. 또 다른 사연은 가루가 사라질 때 밀가루처럼 '펑' 하고 사라져서 밀가루에서 밀을 빼고 '가루'라고 짓게 되었다.

등 개별 캐릭터 이름과 '포켓몬스터 썬&문', '포켓몬스터XY' 등 캐릭터 콘텐츠의 타이틀이 상표등록되어 있다.

캐릭터 네이밍 시 고려사항

캐릭터 이름을 개발할 때는 다음과 같은 사항을 고려해야 한다.

하나, 캐릭터의 외모나 성격 등 특성을 잘 나타내야 한다.

캐릭터의 이름이 가지고 있는 언어적 인상이 캐릭터의 외모, 성격, 특성, 역할, 스토리와 맞아야 하고 해당 캐릭터만의 고유한 이미지를 나타낼 수 있어야 한다.

둘, 주요 소비자의 감성을 고려해야 한다.

캐릭터의 주요 소비자층의 눈높이와 감성에 맞는 의미와 소리를 담아야 한다. EBS '방귀대장 뿡뿡이'는 어린이들이 좋아하는 방귀 소리 '뿡뿡'을 발음하기 편하게 '뿡뿡'에 '이'를 붙여 '뿡뿡이'로 개발하였다.

셋, 부르고 듣기 편해야 한다.

캐릭터의 이름은 부르기 편하고 발음하기 좋아야 한다. 그리고 어감이 좋아서 좋은 인상을 남길 수 있어야 하고, 귀엽고 친근감을 주는 이름이면 더욱 좋다. 삼성생명 비추미 캐릭터는 '비춤이'를 발음하기 편하도록 연음 기법을 사용하여 '비추미'로 수정하여 부르기 편하게 했다.

넷, 기억하기 쉬워야 한다.

기억하는 데 어렵지 않아야 한다. 글자 수를 3개에서 4개 정도로 하여 기억하기 쉽도록 간단 명료하게 이름을 정하는 것이 좋다. 기억에 남는 재미있는 소리나 의미를 활용하는 것도 좋다.

다섯, 캐릭터와 연관된 의미를 지녀야 한다.

바른손 캐릭터 중 '슬리핑코'는 항상 꾸벅꾸벅 조는 토끼로 항상 졸린 캐릭터이다. 이름도 잠자는 것을 의미하는 단어인 슬리핑(sleeping)에서 출발하였다. 이렇게 캐릭터 이름을 보고 캐릭터의 의미나 설정을 알 수 있게 제작하여야 한다.

여섯, 확장성이 있어야 한다.

국내 시장만이 아니라 해외 시장까지 고려하여 외국인들도 발음하기 편하게 짓는 것이 좋다. 또한 소리나 의미가 해외 문화권에서 부정적 의미를 갖지 않는지도 확인해야 한다.

일곱, 법적으로 보호를 받을 수 있어야 한다.

캐릭터 이름이 법적 보호를 받기 위해서는 상표등록을 해야 한다. 상표로 등록되기 위해서는 식별성과 차별성을 가지고 있어야 한다. 캐릭터 네이밍을 하기 전 특허정보넷 키프리스(www.kipris.or.kr)에서 해당 분야 유사상표가 있는지 반드시 검색해 보도록 한다.

캐릭터의 상표권

캐릭터가 법적 보호를 받으려면 반드시 상표권(상표법에 해당)을 획득해야 한다. 상표는 자기 상품과 타인의 상품을 식별하기 위하여 상품에 부착하는 표시를 의미한다. 상표권은 출원한 상표를 독점적으로 사용할 수 있는 권리를 말한다. 상표권은 대표적인 산업재산권으로 특허청을 통하여 출원, 심사 등록을 하게 된다. 캐릭터가 관련 제품을 개발하고 다양한 라이선스 사업을 통해 수익을 창출하기 위해서는 캐릭터의 상표등록이 반드시 필요하다.

캐릭터의 산업재산권

상표권, 디자인권, 저작권은 캐릭터 권리에 따른 산업재산권의 종류이다. 캐릭터 브랜드의 네이밍과 로고는 상표권에 해당하고, 캐릭터 상품의 디자인은 디자인권에 해당하며, 캐릭터의 외형적 특성과 성격은 저작권에 해당한다.

캐릭터 네이밍 유형

캐릭터 네이밍은 사람 이름, 소재, 외형, 성격/설정, 목적, 의성어/의태어의 활용, 합성어, 문장 줄임말, 단어 변형 등의 유형으로 구분할 수 있다. 다음은 각 유형별 네이밍 사례이다.

- **사람의 이름** 홍길동, 나미, 마이클
- **소재에서 온 이름** 구름이, 마시마로(마시멜로), 가루(밀가루), 빼로(빼빼로), 키티, 라바
- **외형에서 온 이름** 몰랑이, 둥글이, 뾰족이, 네모, 별이, 블루베어
- **성격이나 설정에 따른 이름** 똘똘이, 삐딱이, 샤이릴라, 슬리핑코, 둘리
- **목적에 따른 이름** 오복이, 안심이, 포돌이, 포순이
- **의성어 활용 이름** 뿡뿡이, 꼬꼬, 아삭이, 삑삑이
- **의태어 활용 이름** 출랑이, 방긋이, 짜잔형, 부비, 바글바글, 도리도리
- **합성어 활용 이름** 우비소년, 졸라맨, 성게군, 번개맨, 라이스맨
- **문장 줄임말 활용 이름** 비추미(세상을 비추는 이), 또매(또 매 맞을 짓을 함), 별별놈(별에 사는 별난 놈)

캐릭터 네이밍 프로세스

캐릭터의 콘셉트가 결정되면 다음과 같은 프로세스로 네이밍 작업을 진행한다.

1단계: 리서치/방향 설정

❶ 캐릭터 특징 파악: 먼저 캐릭터의 특징을 파악한다. 외형, 성격, 능력, 촉감 등 다른 캐릭터와 차별되면서 좋은 점을 단어로 적어 본다.

❷ 자료 수집 및 분석: 내 캐릭터와 공통점이 있는 기존 캐릭터의 이미지와 이름들을 수집한다. 이들과 차별화되는 이름을 개발하기 위함이다. 이 외에 참고할 만한 단어들을 수집하고 표로 정리한다.

❸ 타깃 소비자 조사: 연령, 성별 등에 따라 선호하는 언어의 경향이 다르므

로 캐릭터를 소비할 타깃 소비자에 대해 조사한다.

2단계: 콘셉트 도출

❶ 전 단계에서 조사한 내용을 토대로 키워드를 추출한다. 네이밍과 연관된 캐릭터의 콘셉트, 특징을 단어(키워드)로 도출하는 단계이다. 캐릭터의 콘셉트를 효과적으로 표현하고자 관련 이미지와 단어를 연상하고 도출한다.

❷ 캐릭터의 특징을 직접적으로 표현하는 것, 특징을 연상시키는 것, 특징을 상징하는 것 등으로 나누어서 도출할 수 있다.

3단계: 시안 개발

❶ 도출된 키워드를 바탕으로 가능한 많은 시안을 개발한다.

❷ 기억하기 쉽게 글자 수는 두세 글자로 제한하고 네 글자는 특별한 경우에만 사용한다. 이름은 단순하고, 짧고, 기억하기 쉽고, 발음이 편해야 한다.

❸ 키워드를 그대로 사용하거나 발음이 편하도록 변형하는 방법, 합성하는 방법, 신조어(새롭게 만든 말), 외래어 등 다양한 방법을 이용하여 창작해 본다. 캐릭터 이름은 소비자에게 친근하게 다가갈 수 있게 하는 것이 효과적이다.

4단계: 스크리닝

❶ 1차 스크리닝: 캐릭터 콘셉트 및 이미지와 어울리는 것을 고른다.

❷ 상표 스크리닝: 상표 검색을 진행한 후, 유사한 이름은 제외한다(인터넷 검색, 특허정보 검색).

❸ 글로벌 시장 진출 대비 스크리닝: 발음과 뜻이 다른 문화권에서 문제가 없는지 미리 확인한다. 캐릭터 이름에서 연상되는 이미지가 긍정적 요소로 작용하고 소통이 잘 이루어질 수 있는지 확인하는 작업이 필요하다.

❹ 소비자 조사를 통한 스크리닝: 선호도 조사 등을 통해 네이밍 시안을 3개 이내로 결정한다.

5단계: 최종안 도출

전 단계에서 좁힌 3개의 시안 가운데 심사숙고하여 최종 결정을 한다. 다른 캐릭터 이름과 확실히 구별되고, 간결하고, 사람들에게 친근감을 주며, 기억하기 쉽고, 캐릭터 콘셉트에 맞고 부정적인 연상이 없으며, 법적으로 등록할 수 있는 이름으로 캐릭터 이름을 최종 결정해야 한다.

캐릭터 프로필 제작

캐릭터 프로필은 캐릭터의 이해를 돕기 위해 캐릭터의 이름, 성격, 취미, 좋아하는 음식, 스토리, 세계관 등 캐릭터의 외적 및 내적 아이덴티티를 함축하여 캐릭터의 대표 이미지와 함께 정리한 것이다.

캐릭터 프로필 예시(학생 작품)

프로필	
이름	빼삐쭈
나이	모름
성별	모름
태어난 곳	외계의 어느 행성
취미	누워서 텔레비전이나 휴대폰 보는 것을 좋아한다. 할 일 없이 빈둥거리며 노는 버릇이 있다.
특징	순하지만 남의 말을 안 듣는다. 항상 밤마다 먹을 것을 찾아 먹고 눈치가 없다. 그러나 착해서 미워할 수 없다.
약점	생쥐를 무서워한다.

스토리

캐릭터의 내적 및 외적 아이덴티티와 주변 캐릭터와의 관계에 기반한 간단한 스토리를 서술함으로써 소비자의 관심과 흥미를 이끌어 낼 수 있다. 독특하고 생생한 캐릭터의 스토리는 다른 캐릭터들과 구별되는 특징이 되며 다양한 캐릭터 콘텐츠 전개의 바탕이 된다.

카카오프렌즈의 라이언은 곰과 같은 외모이지만 사실 갈기가 없는 수사자이다. 항상 무뚝뚝한 표정을 짓고 있지만 소녀처럼 여리고 섬세한 감정을 지니고 있으며 다른 프렌즈들의 조언자 역할을 한다. 아프리카 둥둥섬의 왕위 계승자로 태어났으며 다른 가족들과 달리 갈기가 없는 자신의 모습에 정체성의 혼란을 느끼고 자유로운 삶을 동경해 탈출했다. 탈출한 왕위 계승자이므로 꼬리가 길면 잡힐까 봐 꼬리도 짧아서 더 곰 같은 외모가 되었다. 이런 독특한 스토리는 책임감, 스트레스, 탈모 콤플렉스 등으로 고민하는 현대인들의 흥미와 관심을 이끌어 내었고, 캐릭터에 관심 없는 사람들도 SNS에서 쉽게 볼 수 있는 이모티콘 캐릭터라는 점과 결합하여 큰 인기를 얻었다. 라이언은 전자 제품, 골프 의류 등 기존에 캐릭터 상품을 찾아보기 어려운 분야로까지 진출하였고, 카카오프렌즈의 매출 상승 및 선호도 제고에 크게 기여하였다.

캐릭터의 스토리는 캐릭터를 이용한 다양한 콘텐츠 제작의 기반이 된다. 카카오페이지의 웹툰 '라이언, 더 라이언'은 라이언의 책임감, 콤플렉스, 그로 인한 부담감 등을 짤막한 문장과 그림으로 표현하며 공감과 위로를 느낄 수 있게 하는 콘텐츠이다. 지속적인 스토리 강화를 위한 세계관의 확장은 캐릭터가 지속적으로 사랑받을 수 있는 원동력이 된다. 2020년 7월 공개한 새로운 캐릭터인 춘식이는 라이언이 길에 버려진 고양이를 발견하고 주워 오는 장면을 통해 처음으로 등장하였다. 라이언의 반려고양이였던 춘식이는 '춘식이는 집순이', '춘식이는 프렌즈', '춘식이는 최고야' 등의 인스타툰을 통한 꾸준한 스토리텔링으로 대중의 호기심을 자극하며 카카오프렌즈에 합류하게 되었다(카카오프렌즈 스튜디오 인스타그램 @ryan.seoul.icon). 춘식이는 인스타툰 외에도 라이언과 함께하는 라이언&춘식 댄스 등 다양한 콘텐츠와 상품을 통하여 소소한 힐링을 전하며 라이언의 반려묘에서 어엿한 프렌즈 중 하나로 발돋움하였다.

캐릭터 스토리 모음

- '자이언트 펭TV'의 펭수 캐릭터는 현재 10살의 EBS 연습생으로 최고의 크리에이터가 되기 위해 남극에서 한국까지 헤엄쳐 온 펭귄이다. 숙소는 EBS 소품실이다.
- 카카오프렌즈의 어피치 캐릭터는 복숭아 나무에서 탈출한 악동 복숭아이다. 유전자 변이로 자웅동주가 된 것을 알고 복숭아 나무에서 탈출한 악동이다. 섹시한 뒷태로 사람들을 매혹시키며 성격이 매우 급하고 과격하다.
- 카카오프렌즈의 무지 캐릭터는 토끼 옷을 입은 단무지이다. 호기심 많은 장난꾸러기 무지는 토끼 옷을 벗으면 부끄러움을 많이 탄다.
- 부즈클럽의 뿌까 캐릭터는 거룡반점의 외동딸이다. 언제나 제멋대로 왈가닥 같지만 남자친구 가루를 향한 마음만은 우주 최강이다. 힘내라, 뿌까. 너의 사랑스런 젓가락댄스가 그를 사로잡는 날까지!
- 모닝글로리 블루베어 캐리터의 스토리는 한 살이 되던 해 부모님으로부터 180일간의 기구 여행을 허락받고 세계 여행길을 떠남으로써 시작된다. 멕시코, 호주, 중국, 아라비아 반도, 아프리카 등을 여행하고 돌아온 블루베어는 여행에서 보고 들은 이야기를 시작하는데….
- 니니즈는 빙하와 눈으로 뒤덮인 스노우타운에 사는 8마리의 생명체이다. 각자의 사연으로 이곳에서 한데 어울려 살아가게 되었고, 이들이 벌이는 각종 사건 사고들로 조용히 그냥 넘어가는 날이 없다. 니니즈 생명체들은 이곳에 처음 살았던 공룡이 산책을 하다 얼음을 밟고 넘어지면서 "니!"라고 말한 것이 유래가 되어 모든 의사소통을 '니니어'로 하게 되었다.
- 숲 속 깊은 곳의 버섯 집에 모여 사는 파란 난쟁이 스머프들은 각자 재능에 따라 개성 있는 직업을 가지고 공동체 생활을 하며 살아간다. 멍청하고 고약한 마법사 가가멜이 스머프들을 잡아 스프로 끓여 먹을 생각을 하지만 번번히 실패한다.

스토리에 필요한 요소

캐릭터

스토리를 구성하기 위해서는 캐릭터의 아이덴티티부터 우선 기획되어야 한다.

갈등과 사건

흥미 있는 스토리가 되기 위해서는 캐릭터의 내적 및 외적 갈등, 그리고 캐릭터의 아이덴티티나 앞으로 전개될 스토리와 인과관계가 있는 사건 등을 설정해 주는 것이 좋다.

서브 캐릭터

메인 캐릭터가 상호작용할 수 있는 서브 캐릭터가 등장하면 이야기가 더욱 다채롭고 흥미로워질 수 있다. 각 캐릭터는 개성을 가지고 있고 서로 겹치지 않게 설정해야 스토리를 재미있게 끌어 나갈 수 있다. 1958년 벨기에 작가 피에르 컬리포드(Pierre Culliford)에 의해 창조되어 세계 40여 개국에 방영된 스머프 캐릭터의 경우, 모두 다른 직업과 성격을 가지고 있어 캐릭터의 조합에 따라 다양한 이야기를 이끌어 낼 수 있다. 서브 캐릭터에는 조력자 캐릭터, 적대자 캐릭터, 후원자 캐릭터 등이 있다.

스토리 구조

소설이나 영화의 일반적인 스토리 구조는 '발단', '전개', '위기', '절정', '결말'로 정리할 수 있다. 캐릭터의 스토리는 발단과 전개 정도의 구조로 이루어진 경우가 많다. 이러한 구조는 소비자의 상상력을 불러일으킬 수 있다는 장점을 가지며 시대 상황과 트렌드에 맞는 다양한 스토리로의 전개 가능성을 남겨 둘 수 있다. 예를 들어 '색종이 나라 병정들은 마법의 가루를 찾아 떠나는데~' 이런 식으로 이야기의 결말을 열어 둔다.

메인 캐릭터/서브 캐릭터

메인 캐릭터와 다양한 관계를 맺고 있는 서브 캐릭터들은 스토리를 풍성하게 해 주며 캐릭터 세계관을 강화하는 중요한 요소이다. 캐릭터가 브랜드화되고 다양한 소비자의 감성과 취향을 만족시킬 수 있는 콘텐츠 제작이 활발해지면서 메인 캐릭터와 서브 캐릭터를 명확히 구분하기보다는 각자의 개성과 스토리를 가진 캐릭터를 만들고 서로 간의 관계를 설정해 주는 경우가 점점 많아지고 있다.

뿌까

- **메인 캐릭터** 뿌까(거룡반점의 외동딸)
- **서브 캐릭터** 가루, 아뵤, 칭, 미오, 야니, 주방장들
- **스토리** 분점을 3개나 가지고 있는 중국집 '거룡반점'의 외동딸로, 찐빵머리에 상큼 발랄한 미소가 매력적이다. 닌자의 후예인 가루를 짝사랑하여 항상 뽀뽀를 하기 위해 쫓아다니지만 무술 수련에 집중하고 싶은 가루는 그녀를 피하려고만 한다. 식사시간을 제외한 하루 중 대부분을 가루를 뒤쫓는 것으로 보내며, 자신의 사랑을 방해하는 것이 있으면 놀라운 괴력을 발휘하여 혼을 내 준다. 거룡반점에선 주로 배달을 맡고 있으며, 자신 전용의 핑크색 스쿠터로 수가마을 사람들에게 음식을 배달한다. 그 밖에 서빙과 설거지를 하고 있는 모습도 종종 보이지만, 요리에는 그다지 소질이 없는 듯하다. 덧붙여 그녀는 아이돌 고양이 '야니'의 주인이다.

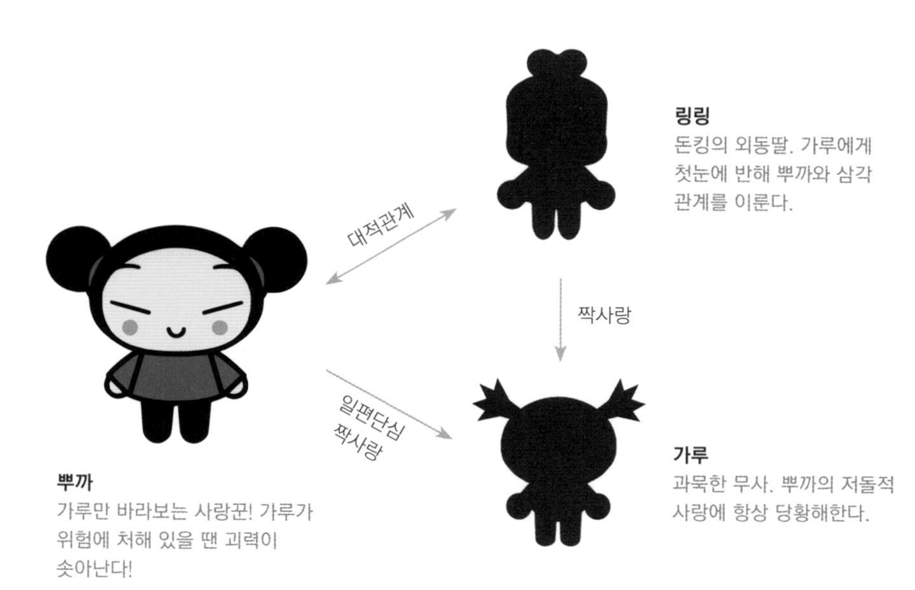

관계도

뽀롱뽀롱 뽀로로

- **메인 캐릭터** 뽀로로(조종사 헬멧과 고글을 쓰고 다니는 펭귄)
- **서브 캐릭터** 크롱, 루피, 에디, 포비, 패티, 해리, 로디, 뽀뽀 & 삐삐, 통통이
- **스토리** 뽀로로는 밝고 활기찬 성격을 가지고 있으며, 호기심과 욕심이 많아서 자주 사고를 치곤 한다. 특히 크롱과는 같은 집에서 살지만 자주 싸운다. 하늘을 날고 싶다는 꿈을 이루기 위해 여러 방법을 시도하지만 날지 못했다. 에디가 비행기를 만들어서 크롱과 함께 비행기를 타고 하늘을 날게 되어 꿈을 이루게 된다.

몰랑

- **메인 캐릭터** 흰색몰랑(몰랑은 찹쌀떡 토끼 종족의 이름이라는 설정이다)
- **서브 캐릭터** 얼룩몰랑, 까망몰랑 등 다양한 색의 몰랑들, 피우피우(보송보송 병아리)
- **스토리** 이름은 몰랑. 빈둥빈둥 놀기만 좋아하고 몸을 많이 움직이는 것을 싫어한다. 하지만 맛있는 음식과 달콤한 간식을 찾아다니는 데에는 열심이라 살만 통통하게 오른 토끼이다. 표정 변화가 거의 없고 멍~하게 있는 경우가 많아 시크해 보이지만 사실 마음은 따뜻하다. 피우피우는 몰랑이들이 저지르는 자잘한 사건들이 피곤하고 귀찮을 텐데도 다 받아주는 감성적이고 예민한 귀여운 병아리이다.

새로운 스머프

스머프는 숲 속 깊은 곳의 버섯 집에서 모여 사는 파란 난쟁이이다. 파파 스머프를 리더로 공동체 생활을 하는 스머프들은 각자 재능에 따른 직업을 가지고 있다. 스머프 마을에 새로운 친구를 만들어 주려고 한다! 여러분의 상상으로 새로운 스머프 캐릭터의 아이덴티티를 구축한 후, 어울리는 이름을 지어 보자. 스머프 마을에 기존에 없던 새롭고 기발한 스머프 친구를 만들어 주자!

STEP 1

생명력 있는 캐릭터는 이름, 나이, 성격, 외모 등 다른 캐릭터와 구별되는 외적 및 내적 아이덴티티를 가지고 있다. 만들고 싶은 스머프 캐릭터를 생각해 보고 각 항목의 오른쪽 빈칸을 채워 가며 캐릭터 고유의 정체성을 만들어 본다.

Tip 캐릭터가 해결해야 할 문제(갈등 구조)를 설정하거나 기존 스머프 캐릭터들과의 관계를 흥미롭게 설정해 보는 것도 좋다(예: 조력자, 적대자, 후원자 등).

캐릭터 기본 설정

외적 아이덴티티		내적 아이덴티티	
이름: 예 사람 이름/소재/외형/성격/설정/목적/의성어/의태어/합성어/문장약자/단어변형 등(2~3글자로 제한)		성격: 예 외향적/내향적/긍정적/부정적/열정적/냉정한/개혁가/돕는 사람/성취하는 사람/개인주의자/탐구자/충성하는 사람/도전하는 사람/평화주의자	
나이: 예 10살/1,300살/알 수 없음		가치관/생활 신조/소통 방식: 예 악을 보면 못 참고 눈에서 레이저 발사	
성별: 예 남/여/알 수 없음		좋아하는 것: 예 단팥빵/수면 양말	

(계속)

외적 아이덴티티		내적 아이덴티티	
직업: 예 EBS 연습생/마법사		싫어하는 것: 예 추운 날씨/목욕	
국적(민족): 예 남극/블랙홀/대한민국		매력포인트:	
신장/몸무게: 예 210cm/103kg		자주 사용하는 말(말투): 예 니니어	
헤어스타일: 예 거대한 곱슬머리		습관(버릇):	
의상: 예 헬멧과 고글/토끼의상		취미:	
소품: 예 선물상자/거울		약점(콤플렉스): 예 갈기 없는 수사자	
대표 컬러: 예 흰색/파랑		특이점: 예 독특한 능력/해결해야 할 갈등 구조/독특한 환경	
시대(시간): 예 2021년/5,000년 전		스토리: 소비자가 캐릭터를 기억하게 하고 공감할 수 있도록 작성. 소비자의 상상력을 불러일으킬 수 있도록 전개 구조로 작성. 예 색종이 나라 병정들은 마법의 가루를 찾아 떠나는데….	
거주지/사는 곳: 예 숲 속 버섯마을			
주변인(가족, 친구, 이웃): 예 쌍둥이 펭귄			

STEP 2

아래 빈 여백에 전 단계에서 도출한 캐릭터의 정체성을 잘 보여 주는 스머프 캐릭터의 외모를 다양하게 스케치해 본다. (드로잉 및 채색 도구는 자유, 컴퓨터 작업 가능)

Tip 스머프들은 모두 흰 모자에 흰 바지 차림을 하고 있고 파란 피부색을 가지고 있다. 스머프 마을의 다른 친구들과 잘 어울리도록 기존 스머프의 외모에 내가 만든 스머프의 직업, 성격, 특징을 상징적으로 보여 줄 수 있는 소품이나 의상을 활용하여 새롭게 외모를 꾸며 보는 것도 좋다. 예 허영이 스머프는 모자에 꽃 장식과 손거울을 들고 있으며, 요리사 스머프는 요리사 모자와 앞치마를 두르고 케이크를 들고 있음

Tip 내가 설정한 스머프 캐릭터의 성격과 어울리는 눈과 입을 그리면 생명력 있는 표정을 만들 수 있다. 예 슬리피 스머프는 늘 졸린 눈을 하고 있으며, 투덜이 스머프의 눈썹과 미간은 위로 올라가 있음

STEP 3

아래 빈 여백에 전 단계에서 선택한 스케치 중 캐릭터의 정체성을 가장 잘 표현한 스케치를 중심으로 발전시켜 완성한 후, 내가 만든 새로운 스머프 캐릭터의 이름, 성별, 성격, 장단점, 특징을 기재하여 프로필을 작성해 본다.

새로운 스머프 캐릭터 프로필
이름
성별
성격
장단점
특징

캐릭터 그래픽 2

소재

> "내가 그의 이름을 불러 주었을 때
> 그는 나에게로 와서 꽃이 되었다." (꽃_김춘수)

픽사의 애니메이션 '토이스토리4'에서 보니는 장난감 우디가 쓰레기통에서 몰래 주워다 준 플라스틱 포크, 철사, 나무막대기 등의 소재로 장난감을 만들어 포키라는 이름을 지어 주고 애정을 쏟는다. 일회용 플라스틱 포크에서 탄생한 포키는 곧 다른 장난감들처럼 생명력을 갖게 되고 애니메이션의 스토리에서 중요한 역할을 담당하는 캐릭터가 된다. 어떠한 소재라도 형태와 의미가 더해지면 사랑받는 캐릭터가 될 수 있다.

어떤 소재에서 시작되는가는 캐릭터의 형태, 컬러의 기본 바탕이 되며 캐릭터 그래픽의 출발점이라고 할 수 있다. 귀여운 동물 등 많이 활용되는 소재가 아니더라도, 단무지라는 소재에서 출발한 카카오프렌즈의 무지 캐릭터처럼 무생물의 소재와 재미있는 스토리가 결합되면 기억에 남는 재미있는 캐릭터를 만들 수 있다.

캐릭터의 소재는 인물, 동물, 식물, 무생물, 사물, 픽션물로 나누어 볼 수 있다. 어떠한 소재이든 사람들이 공감하고 사랑하는 캐릭터가 되기 위해서는 살아 있는 생물, 특히 사람과 비슷하게 표현하는 경우가 많다. 이것을 의인화라고 한다. 포크를 소재로 한 포키는 포크의 갈라진 부분을 머리로 삼고 거기에 눈코입을 만들어 붙여 인간처럼 말하고 인간과 유사하게 움직일 수 있는 캐릭터가 되었다. 영화 '캐스트 어웨이'에서 무인도에 고립된 주인공은 우연히 배구공에 찍힌 얼룩에서 눈코입의 형상을 발견하고 윌슨이라는 이름을 붙이고 대화를 나눈다. 어떤 소재를 선택하더라도 그래픽 디자인을 발전시키는 단계에서는 비슷한 과정을 거치게 된다. 만들고자 하는 캐릭터의 목적, 이미지, 성격 등을 결정한 후, 선택한 소재를 이용하여 형태를 만들어 나간다. 이목구비가 있는 인물이나 동물이 소재라면 캐릭터 콘셉트에 따라 몇 등신으로 표현할 것인지, 어떤 그림체로 표현할 것인지 등을 생각한다. 정해진 이목구비가 없는 식물, 무생물, 사물, 픽션물의 경우에는 해당 소재의 형태를 기반으로 사람들과 공감하는 커뮤니케이션이 가능하도록 이목구비 등을 그려 준다.

캐릭터 소재에 따른 분류

소재	내용	사례
인물	개성 있는 성격을 가진 다양한 인물 상상의 인물, 연예인, 유튜버 등 실제 인물 등	뿌까(여자아이) 짱구(남자아이) 도티와 잠뜰, 타이니탄(실제 인물)
동물	식물과 인물 외의 생명체 개, 고양이, 애벌레 등	라이언(수사자)
식물	식물계에 속하는 생물 채소, 과일, 꽃 등	두콩, 세콩, 네콩(완두콩) 어피치(복숭아) 무과장(무)
무생물	자연에 존재하는, 생명이 없는 자연물 물, 불, 흙, 공기, 바위 등	아리, 수리(수돗물) 무지(단무지)
사물	인간이 만든 인공물 자동차, 비행기 등	타요(자동차)
픽션물	인간의 상상력이 만들어 낸 허구의 존재 괴물, 외계인 등	마스터 요다(외계인) 그루트(외계인)

인물

뿌까는 제멋대로 왈가닥 같지만 일편단심인 소녀의 이미지를 담은 캐릭터이다. 중국 경극에서 영감을 받은 그래픽, 적극적이고 당찬 성격, 독특한 동양적인 느낌으로 아시아, 유럽 및 남미와 미국에서 인기를 얻었으며 해외에서 성공한 첫 한국캐릭터로 인정받고 있다.[15] 뿌까는 기존의 수동적으로 여겨졌던 동양인 소녀에 대한 이미지를 반전시켜 많은 공감과 호응을 이끌어 내었고 패션 분야 등에서 큰 인기를 얻었다.

인물은 다양한 계층의 사람들에게 친근감과 공감을 불러일으킬 수 있는 소재이다. 만화, 애니메이션 등의 콘텐츠에 등장하는 인물 캐릭터는 스토리에 대한 공감과 함께 사람들의 사랑을 받는다. '겨울왕국'의 엘사와 안나, '빨강머리 앤'의 앤, '짱구는 못말려'의 짱구 등이 그렇다. 인물을 소재로 할 경우 가족, 애인 등 특정 관계를 설정하여 사람들이 공감하게 만들 수도 있다. 사람 간의 관계를 담아 내는 SNS에서 사용되는 이모티콘에는 엄마와 딸 혹은 엄마와 아들 등 특정 관계에 있는 캐릭터가 사용되어 대화에 활용된다.

실제 인물의 캐릭터화 사례도 많아지고 있다. 유튜브 크리에이터인 흔한 남매, 도티와 잠뜰은 캐릭터화되어 다양한 온오프라인 콘텐츠에서 활용되고 있다. 가수 블랙핑크는 메타버스 서비스인 네이버의 제페토에서 AR캐릭터화되어 사인회 등을 통하여 소비자와 만나고 있다.[16] 방탄소년단과 라인프렌즈가 컬래버레이션한 BT21 캐릭터는 외형은 여러 동물을 소재로 하지만 방탄소년단 멤버들이 최초 스케치부터 아이덴티티, 스토리텔링 등에 직접 참여하는 등 방탄소년단 멤버 개개인의 성격과 특징을 소재로 하고 있어 세계적인 인기를 얻고 있다. 유명인뿐 아니라 평범한 사람들도 아이폰 이모지를 이용하거나 제페토 등의 메타버스에서 자신만의 캐릭터를 만들고 활동할 수 있는 서비스도 늘어 가고 있는 추세이다.

인물을 소재로 하는 캐릭터는 인물의 외형을 그대로 그래픽화하는 것이 아니라 표현하고자 하는 성격과 개성을 극대화할 수 있도록 단순화, 과장 등의 기법으로 디자인한다. 인물의 나이, 성격, 이미지 등의 설정을 결정한 다음, 그 설정을 명확히 나타내기 위하여 선과 질감, 신체비율, 피부색과 머리색, 옷과 헤어스타일 등이 명확한 콘셉트와 메시지를 가지도록 디자인한다.

---

15 "'캐릭터 천국' 미국서 러브콜 받은 뿌까는?". 한겨레(2008. 3. 7. https://www.hani.co.kr/arti/culture/culture_general/274278.html#csidxf6d4839fef7c51d8214e065bf3e3cbc).

16 "제페토 대박난 이유…BTS · 블랙핑크 아바타로 만난다". 머니투데이(2020. 10. 17. https://news.mt.co.kr/mtview.php?no=2020101514502290898).

찰리(학생 작품)

동물

동물은 널리 쓰이는 친근한 캐릭터 소재이다. 고양이, 개, 곰, 토끼 같은 동물은 친근한 그래픽으로 표현되어 누구에게나 호감을 주는 귀여운 캐릭터로 탄생할 수 있다. 사람들이 친근하게 여기는 소재 외에도 대부분의 사람들이 싫어하는 동물인 쥐가 시대를 초월하여 많은 사람에게 사랑받는 캐릭터인 미키 마우스의 소재라는 점은 캐릭터 그래픽과 스토리의 힘을 보여 준다. 사람들이 징그럽다고 생각하는 애벌레는 라바의 레드와 옐로우 캐릭터의 소재가 되어 귀여운 외모와 엽기적인 행동으로 많은 사람들이 사랑하는 캐릭터가 되었다. 처음 출시되었을 때 곰처럼 보이는 귀여운 외모를 가지고 있던 카카오프렌즈 라이언은 스트레스로 탈모가 진행된 수사자라는 반전 설정으로 많은 이야깃거리가 되면서 사람들의 공감을 얻었다. 동물 캐릭터는 별다른 대사나 활동을 하지 않아도 그래픽에서 오는 감성으로 오랫동안 사랑받기도 한다. 고양이를 소재로 하는 헬로키티와 토끼 미피 캐릭터 등이 대표적이다.

펭귄 캐릭터 중 가장 유명했던 뽀로로를 제치고 2019 호감도 2위 캐릭터가 된 EBS의 캐릭터 펭수[17]는 펭귄을 소재로 하는 유튜버 캐릭터이다. 동

---

17 한국콘텐츠진흥원(2020). 2020 캐릭터 산업백서.

동물 캐릭터

물을 소재로 하지만 귀여운 외모보다는 엉뚱하지만 속시원한 옳은 소리를 하는 성격으로 캐릭터가 셀레브리티가 된 사례이다.

동물 캐릭터는 사람처럼 똑바로 서서 걷고 움직이는 것으로 표현하기도 하고, 본래의 형태와 움직임을 그대로 표현하되 사람과 같은 움직임을 표현하기 위한 표현을 더하기도 한다. 애벌레 캐릭터인 라바의 경우 애벌레의 형태와 움직임을 그대로 가지고 있으면서도, 긴 혓바닥은 손처럼 자유자재로 이용하고 눈은 인간처럼 다양한 감정을 표현할 수 있는 형태를 갖고 있다.

동물 소재 캐릭터의 그래픽은 인물 소재와 마찬가지로 특징과 개성을 명확히 표현하는 그래픽이 필요하다. 덧붙여 동물의 원래 형태와 사람처럼 표현하는 정도, 즉 의인화의 정도를 결정한 후 그에 맞게 형을 그려 내고 표현하는 것도 중요하다. 어느 정도 의인화되는가에 따라 몸짓이나 표정, 생각이나 의견의 표현 정도가 달라지기 때문이다.

식물

인물이나 동물이 아닌 식물계에 속하는 꽃, 나무, 야채 등의 소재도 캐릭터가 될 수 있다. 어린이들의 바른 식습관을 주제로 하는 애니메이션 '냉장고 나라 코코몽'에서는 파를 소재로 한 파닥이, 당근을 소재로 한 케로, 오이

두리왕, 망고스퀸(학생 작품)

를 소재로 한 아글이, 완두콩을 소재로 한 한콩이, 두콩이, 세콩이 등의 캐릭터가 등장한다. 카카오프렌즈의 어피치는 복숭아를 소재로 하고 있다. 마블 영화인 '가디언즈 오브 갤럭시'에는 나무를 소재로 한 그루트라는 캐릭터가 있다. 포켓몬에는 치코리타, 나시, 체리꼬, 라플레시아 등 수많은 식물 캐릭터가 있다. 토이스토리의 미스터포테이토는 감자를 소재로 한 장난감 캐릭터이다. 식물은 이동성이 없기 때문에 동물 혹은 사람의 형태와 결합하여 표현하기도 한다. 파닥이는 파와 닭의 형태, 케로는 당근과 당나귀, 아글이는 오이와 악어의 형태가 합쳐져 있다.

무생물

무생물은 물, 불, 흙, 공기, 바위 등 생명이 없는 자연물을 소재로 하는 캐릭터이다. 서울시 상수도사업본부의 아리, 수리는 수돗물을 소재로 하여 개발되었다. 카카오프렌즈의 무지는 토끼 옷을 입은 단무지라는 설정이다. 산리오의 구데타마는 계란을 소재로 한 캐릭터이다. S-OIL의 구도일은 오일을 소재로 한다. 무생물 캐릭터는 무생물의 대표적인 물성을 시각적인 특징으로 표현하며, 무생물이지만 생명체로 변형되어 표현되는 경우가 대다수이다. 서울시의 수돗물 브랜드인 아리수의 캐릭터 아리와 수리는 물의 요정이라는 콘셉트로 물방울의 형태를 단순화하여 형태를 표현하였고, 물의 영롱한 질감을 반영하여 색채를 표현했다.

아리, 수리

사물

브레드 이발소

사물은 인간이 만든 인공물을 소재로 하는 캐릭터이다. 일회용 포크를 소재로 한 토이스토리의 포키, 시내버스 등 탈것을 소재로 한 꼬마버스 타요와 경찰차, 소방차, 구급차, 헬리콥터를 소재로 한 로보카 폴리의 캐릭터들이 이에 해당된다. 브레드 이발소의 세계에서는 빵, 우유, 소시지 등이 캐릭터의 소재이다. 이 세계에서 이발소는 다양한 제과류의 데커레이션이 이루어지는 곳이라는 설정이 재미있다. 컵케이크의 다양한 장식을 헤어스타일로 해석한 설정에 따라 무궁무진한 귀여운 헤어스타일을 가진 캐릭터 그래픽을 볼 수 있다. 단순해 보이는 사물에도 디자이너의 상상력이 더해진다면 사랑받는 캐릭터가 될 수 있다.

픽션물

실제 세상에 있지 않지만 인간의 상상력에서 비롯된 허구의 존재를 캐릭터화하는 경우도 많이 찾아볼 수 있다. 신화와 전설에 나오는 요정, 신, 도깨비, 몬스터 등의 캐릭터나 SF적인 상상력에서 비롯된 로봇, 외계인 등이 이에 해당한다. 신비아파트의 신비와 금비는 도깨비 캐릭터이고, 별의 커비의 커비는 소재를 알 수 없는 외계 생명체이다. 아래의 그림은 다양한 형태로 그려진 몬스터들과 상상 속의 생물인 예티를 소재로 한 캐릭터이다. 픽션물은 인간의 상상력을 극대화하여 기상천외한 다양한 그래픽이 가능하며, 대부분 감정과 움직임을 표현할 수 있는 최소한의 요소는 표현하는 경우가 많다.

몬스터 캐릭터

예티(학생 작품)

캐릭터 디자인은 핵심적인 가치와 성격을 중심으로 시각적인 표현과 언어적 표현을 통하여 특징적인 개성을 가진 상징적 존재를 만들어 내는 과정이다. 토끼를 소재로 하는 캐릭터도 몇 등신으로 표현했는지, 얼마나 단순화해서 표현했는지, 어떤 이름을 가졌는지 등에 따라 귀여움부터 소녀스러움, 엽기, 능청스러움 등 다양한 이미지로 그려 낼 수 있다.

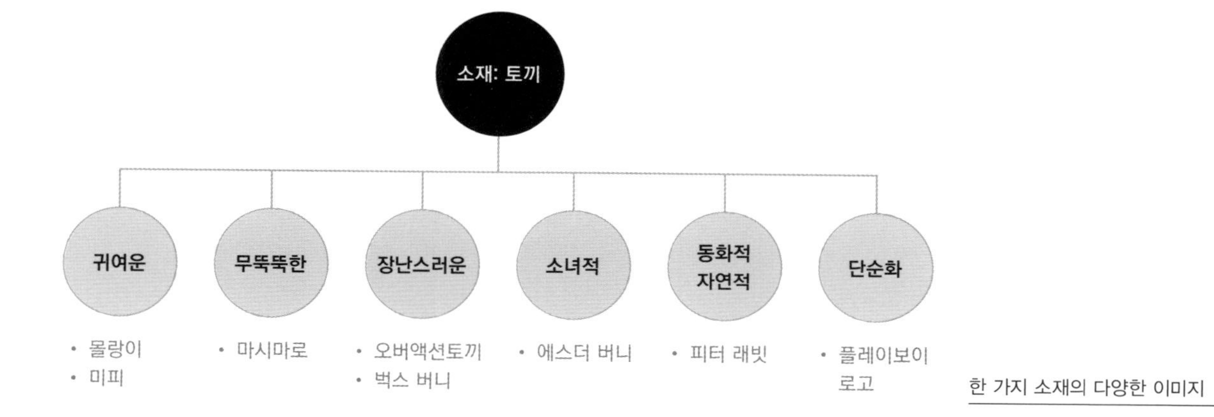

한 가지 소재의 다양한 이미지

실습 3　하나의 소재로 다양한 이미지 캐릭터 만들기

캐릭터의 독창성은 원래의 소재에 얼마나 창의적인 표현을 더해 디자인했는가로 결정된다. 소재의 원래 형태를 기반으로 표현하고자 하는 이미지와 설정에 맞도록 단순화, 과장, 변형 등을 통하여 캐릭터의 외형을 디자인해 보자.

STEP 1

다음 동물 소재 중 하나를 고른다.

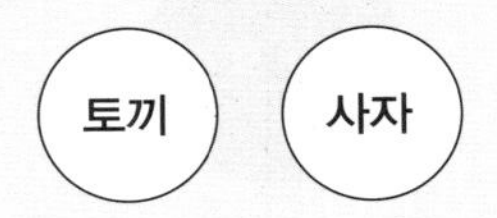

STEP 2

선택한 동물 소재의 신체적 특징을 조사한다(예 토끼는 귀가 크다, 다리가 짧다, 꼬리가 동그랗다 등).

STEP 3

토끼와 사자 가운데 선택한 소재의 신체적 특징을 스케치해 본다.

학생 작품

STEP 4

다음의 형용사 그룹 중 2가지를 선택해서 총 4가지 형용사 이미지에 맞게 캐릭터를 스케치한다. (형용사별로 각 3가지 이상의 스케치, 총 12가지 이상의 스케치)

- 순한 ↔ 사나운
- 고급스러운 ↔ 병맛, B급
- 사랑스러운 ↔ 시크한
- 꼼꼼한 ↔ 사고뭉치
- 소심한 ↔ 용감한

↔

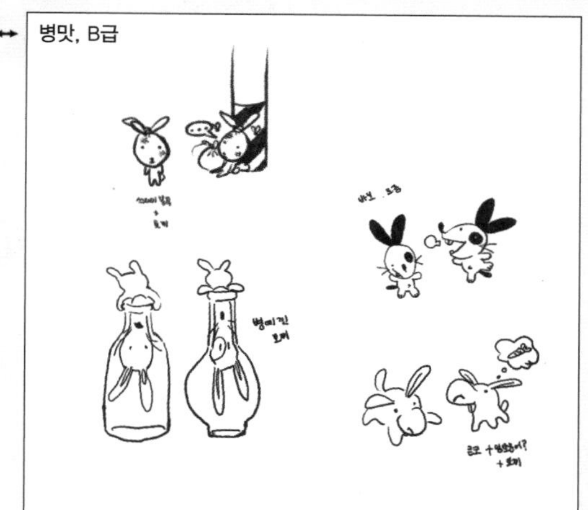

↔

학생 작품

STEP 5

가장 마음에 드는 스케치 하나를 발전시켜 캐릭터 프로필을 작성해 본다.

쓰레기 토끼 지지

쓰레기 봉투 토끼이다.
몸 안에 쓰레기가 들어 있어서 고약한 냄새가 난다.
쓰레기 때문에 몸이 무거워서 자주 넘어지곤 한다.
고독을 즐기는 특이한 아이이다.
자신의 딱 맞는 보금자리를 찾고 있다.
자주 쓰레기들이 모여 있는 곳에서 쉬었다 간다.
무서워하는 것은 까마귀와 길고양이들.

학생 작품

[유의사항]

- 선택한 형용사를 어떤 이미지의 그래픽으로 표현해야 할지 생각해 본다.
- 선택한 소재의 신체 형태, 비례 등을 조절하여 성별, 나이, 성격 등을 표현하여 원하는 이미지를 만들어 본다.
- 최대한 간결한 형과 형태로 표현해 본다.

형과 형태

"단순한 것이 강하다."

형(shape)은 캐릭터의 머리, 몸통, 팔다리, 이목구비 등이 합쳐져서 만드는 평면상의 모양, 즉 외곽 또는 실루엣을 말하며, 형태(form)는 여기에 부피, 질감, 색채 및 구체적 요소가 더해져서 표현된 입체적인 모양을 뜻한다. 같은 형(실루엣)을 가지더라도 선, 색, 기타 세부 요소의 변주에 따라 다양한 형태와 감성을 표현할 수 있다. 캐릭터의 형태는 캐릭터의 소재, 만들고 싶은 캐릭터의 이미지 등을 어떻게 표현할 것인가라는 생각에서 시작된다. 인물, 동물, 식물 등 캐릭터 소재에서 비롯된 기본적인 형태에 귀여움, 씩씩함 등 캐릭터의 이미지를 나타낼 수 있도록 형태를 변형, 과장, 축소, 왜곡, 단순화하는 디자이너의 손길을 거쳐 캐릭터의 형태를 이루게 되는 것이다. 이것을 미술용어로 데포르메(déformer) 혹은 데포르마시옹(déformation)이라고 한다. 캐릭터 형태는 디자인 목적에 따라 아주 단순한 선과 색으로만 이루어질 수도 있고, 구체적 형태와 질감, 그리고 입체감이 더해진 3차원의 형태로 이루어질 수도 있다.

지각심리학자들에 의하면 단순한 형태가 복잡한 형태보다 더 쉽게 지각되고, 다시 생각해 내기 쉽다고 한다. 좋은 형태는 가장 단순하고 안정적인 구조이고 바탕과 구분되는 색과 명암을 가지며 단순, 규칙, 대칭, 균형, 비례, 인지와 기억의 용이성 등의 조건을 만족시킨다. 캐릭터는 이러한 특징에 더하여 형, 즉 실루엣으로만 표현되더라도 인지할 수 있는 고유한 개성을 지니는 것이 필요하다.

소재의 형태를 참고하여 디자인을 시작하더라도 캐릭터의 특징적인 설정을 잘 표현하기 위하여 형태는 변형되거나 과장되거나 축소 혹은 생략될 수 있다. 다른 소재의 형태와 결합하여 새로운 형태를 이루기도 한다. 캐릭터의 장점은 간결하게 표현한 단순한 형태에 다양한 이미지를 부여할 수 있다는 것이다. 캐릭터 그래픽의 단순성은 보는 이가 상황과 맥락에 따라 다양한 상상을 할 수 있는 여백이 될 수 있다. 실제 소재의 형태에 기반하지만 목적에 따라 단순화된 캐릭터의 형태는 실제 소재의 물성과 특성에서 상상할 수 있는 이미지와 스토리를 극대화한다.

같은 형, 다른 형태

우리는 어떤 대상을 볼 때, 윤곽의 모양을 먼저 지각한 후, 과거에 경험했던 것과 유사한 형과 연관 지어 대상의 이미지를 해석하고 판단한다. 캐릭터의 얼굴과 몸통은 원형, 삼각형, 사각형 등과 같이 단순한 기본 도형에서 출발하여 윤곽을 더 쉽게 인지하도록 디자인하는 경우가 많다. 심리학자들에 따르면, 원형, 삼각형, 사각형과 같은 기본 도형이 움직이면 인간의 얼굴처럼 보인다고 한다.[18] 각 도형의 시지각적 특성은 캐릭터의 이미지에 영향을 주기 때문에 캐릭터의 성격과 특성을 고려하여 캐릭터의 형을 표현하는 것이 중요하다.

캐릭터 얼굴의 기본형은 계란형(타원형), 원형, 삼각형, 역삼각형, 사각형, 직사각형으로 분류할 수 있다. 둥근 얼굴형은 귀여운 인상을 주고 낙천적이고 온화한 성격으로 표현되는 반면, 사각형의 각진 얼굴형은 고집스럽게 보이고 의지가 강한 성격으로 묘사되는 경우가 많다. 둥근 얼굴형의 캐릭터로는 도라에몽, 뽀로로, 애니메이션 '업'의 러셀 등이 있으며, 각진 얼굴형의 캐릭터로는 '인사이드 아웃'의 버럭, '업'의 칼 등이 있다. 삼각형의 얼굴형은 내향적이고 사려심이 깊은 성격으로 표현되며, 역삼각형의 얼굴형은 이

18 황선길(1999). 애니메이션의 이해. 디자인하우스. p. 166.

성적으로 보이나 턱이 뾰족한 형태로 예민하거나 잔인한 성격의 캐릭터에 사용되기도 한다. 역삼각형 얼굴의 캐릭터로는 '업'의 악당 먼츠와 '인크레더블2'에서 슈퍼히어로의 의상을 제작하는 에드나 모드 등이 있다. 사람과

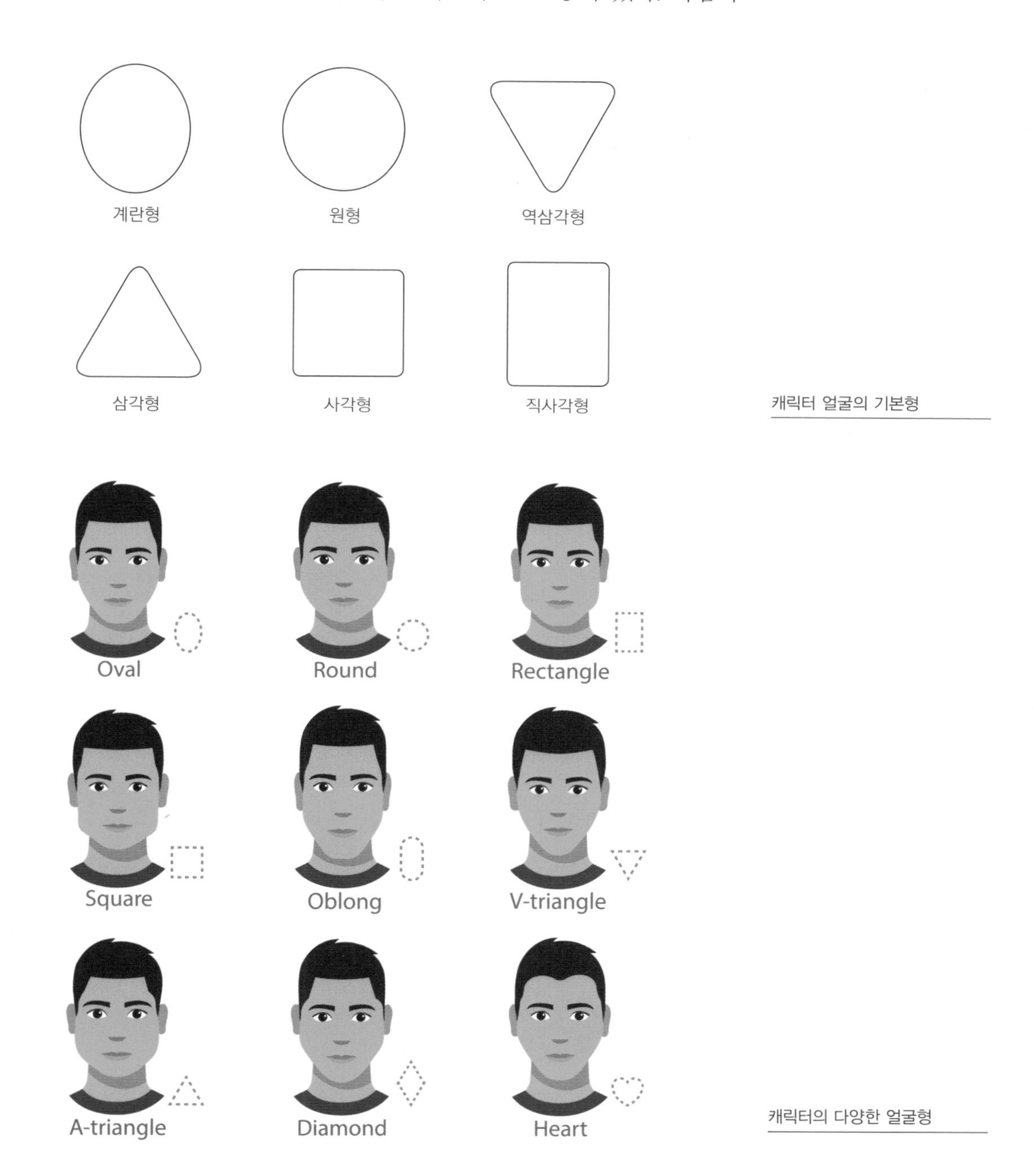

캐릭터 얼굴의 기본형

캐릭터의 다양한 얼굴형

동물의 경우 둥근 얼굴형과 두상을 가지는 것이 일반적이나 캐릭터의 얼굴형은 위의 기본형을 과장하거나 변형하여 사용하는 것도 가능하다.

캐릭터의 체형은 목 아래에서부터 엉덩이까지의 몸통을 중심으로 둥근형, 삼각형, 역삼각형, 사각형의 기본형으로 구분할 수 있다. 둥근형은 통통한 체형으로 귀여운 인상을 주고, 먹는 것을 좋아하며 포용력 있는 특성을 나타낸다. 삼각형은 일반적인 표준 체형으로 다양한 연령대의 캐릭터에서 볼 수 있다. 역삼각형은 상체가 발달한 체형으로 강한 힘의 이미지를 전달하여 슈퍼맨이나 미스터 인크레더블과 같이 악당을 물리치는 히어로 캐릭터에서 자주 사용된다. 사각형은 상체와 하체의 균형이 잘 잡힌 체형으로 단정하고 단아한 인상을 준다.

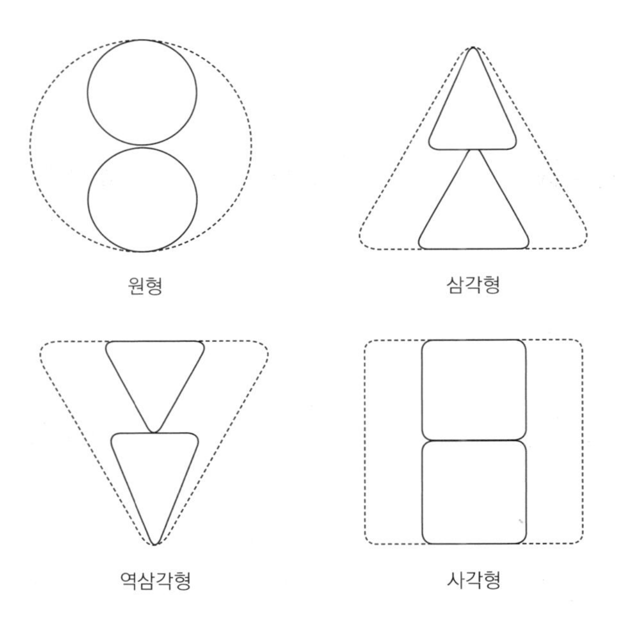

캐릭터 몸의 기본형

기본 도형 캐릭터

실습 4

기본 도형에 이목구비를 그리면 다양한 얼굴 표정과 감정을 표현할 수 있다. 기본 도형에 이목구비를 그려 넣어 과자 캐릭터를 디자인해 보자.

기본 도형을 활용한 캐릭터 사례

STEP 1

내가 좋아하는 과자를 하나 선택한 후 어떤 맛과 식감을 가지고 있는지 탐색해 본다. 아래 형식에 맞추어 선택한 과자 이름과 과자의 맛과 식감(음식을 먹을 때 입안에서 느끼는 감각)을 단어로 작성해 본다.

① 제품명:

② 과자의 맛과 식감을 표현하는 단어(최소 10가지 이상)

•	•	•	•
•	•	•	•
•	•	•	•
•	•	•	•
•	•	•	•

[맛과 관련한 어휘 예] 달다, 시다, 맵다, 짜다, 고소하다, 달콤쌉싸름하다, 달짝지근하다, 느끼하다, 쓰다, 싱겁다, 담백하다 등

[식감과 관련한 어휘 예] 쫄깃하다, 바삭바삭하다, 텁텁하다, 단단하다, 오독오독하다, 아삭하다, 말캉말캉하다, 부드럽다, 질기다, 끈끈하다, 폭신하다 등

STEP 2

선택한 과자를 대표하는 기본 도형을 선택하고, 그 도형에 눈/코/입 등을 그려 넣어 생명력을 불어넣어 준다. 괄호 안에 과자의 맛과 식감과 관련한 단어를 적는다.

- 가장 마음에 드는 스케치:
- 선택한 이유/표현 의도:

STEP 3

과자의 모양과 형태, 색채, 질감 등을 관찰해 보고 과자의 특성에 맞는 캐릭터의 성격과 스토리를 만들어 본다.

STEP 4

과자의 특성과 성격이 잘 나타나도록 캐릭터의 형태와 이목구비(귀, 눈, 입, 코)의 크기와 위치, 색채, 헤어스타일, 표정 등을 표현하여 완성한다.

캐릭터 후이

이름: 후이

머리가 크고 몸이 작은 후이는 머리를 자주 다쳐 항상 주변을 살피고 다닌다. 또 두꺼운 목을 부끄러워해 스카프를 둘러 숨기고 다닌다.

학생 작품

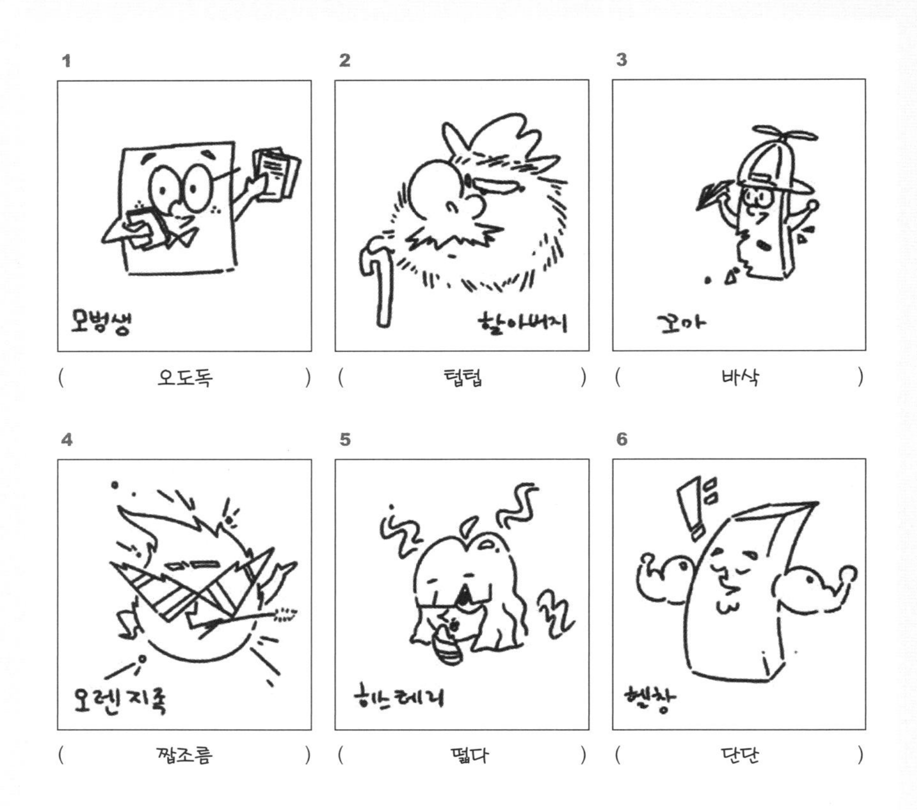

캐릭터 텁텁씨

이름: 텁텁씨(78세)
성격: 느긋, 유하다

감자 과자의 형태를 기본 몸체로 하고 짭짤하니 맛있지만 감자의 퍽퍽함과 텁텁함을 느낄 수 있어 한 번에 많이 못 먹는 특징을 살려 맛있고 손이 자주 가는 성격으로 텁텁함은 수염과 나이로 표현했습니다.

학생 작품

캐릭터 터드

이름: 터드
성격: 부드럽고 순하고 친절하다.

몸이 부드러운 커스터드 크림으로 되어 있는 터드는 말랑말랑하고 부드러워서 넘어져도 다치지 않는다. 성격이 부드럽고 순한 터드는 친구들에게 인기가 많다.

학생 작품

이목구비

"눈은 마음의 거울이다."

다양한 소재의 캐릭터들은 대부분 의인화되어 표현된다. 따라서 캐릭터 소재에 관계없이 이목구비를 가지고 있는 캐릭터가 많다. 캐릭터의 귀, 눈, 입, 코, 즉 이목구비와 헤어스타일의 형태와 비례, 크기와 위치 등은 캐릭터의 성격이나 나이 등의 설정을 표현하며 또한 캐릭터의 감정을 표현할 수 있는 핵심적인 그래픽 요소이다. 캐릭터 이목구비는 단순한 형태로 표현 가능하다는 특징이 있다. 동그라미를 그리고 그 안에 점 2개나 선 2개를 나란히 그리면 그것은 눈으로 인식된다. 눈에 해당하는 나란한 두 선이 대칭되게 위로 치켜 올라갔는지 아래로 내려 갔는지에 따라 표정이 확 달라진다. 단순화된 이목구비는 캐릭터를 소비하는 사람들이 캐릭터에 감정이입을 하게 되면서 다양한 상상과 해석을 이끌어 내는 창조의 원천이 되기도 한다.

캐릭터 이목구비는 생략됨으로써 더 큰 의미를 담기도 한다. 애니메이션 '미소의 세상'(1996)의 주인공인 미소는 무뚝뚝하지만 뭐든지 척척 해내는 소녀이다. 미소의 얼굴은 큰 감정 변화를 겪을 때 외에는 대부분 눈만 그려지는데, 이런 단순화는 미소의 무뚝뚝하면서도 강한 성격을 상상할 수 있게 한다.

그 외에도 헬로키티처럼 눈과 코로만 표현된 캐릭터도 있으며, 짱구나 뿌까, 딸기처럼 코가 생략되고 눈과 입으로만 표현된 캐릭터도 찾아볼 수 있다.

눈과 코만 표현된 헬로키티와
눈과 입만 표현된 뿌까

눈과 눈썹

사람의 인상을 좌우하는 것이 눈인 것처럼, 캐릭터의 이미지와 감정을 표현하는 가장 중요한 그래픽 요소도 눈이다. 코나 입, 귀는 생략되는 경우도 많지만 눈이 생략된 캐릭터는 찾아보기 힘들다. 캐릭터의 눈은 점 또는 선으로 단순하게 표현되기도 하며, 얼굴의 반을 차지하도록 과장되게 표현되기도 한다. 큰 눈은 귀엽고 신뢰감을 주며, 작은 눈은 내성적이고 비밀스러운 인상을 준다. 눈은 다양한 조형 요소의 조합으로 표현 가능하며 다양한 형태로 변형하여 여러 가지 감정을 표현할 수 있다. 눈을 디자인할 때에는 눈썹과 속눈썹 등의 유무와 형태도 고려한다.

점	선	면	점/선	점/면	선/면	점/선/면

점/선/면으로 분류한 눈과 눈썹의 형태

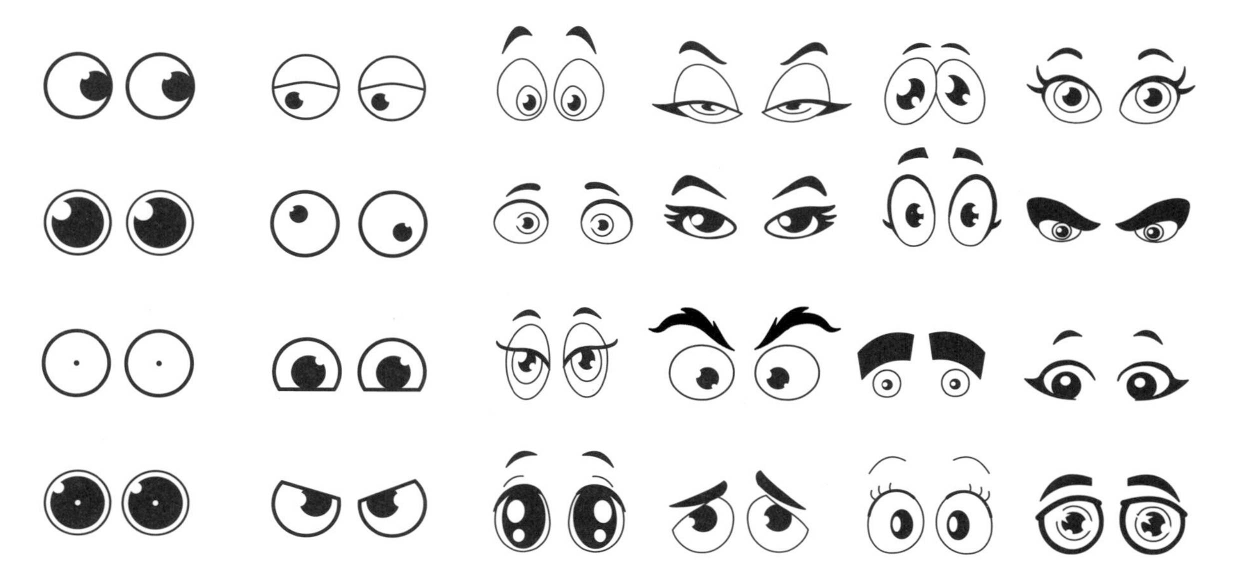

캐릭터의 다양한 눈과 눈썹의 형태

몰랑의 다양한 눈 모양

입

입은 눈과 함께 캐릭터의 다양한 표정을 만들어 내는 요소이다. 입과 주변 근육의 움직임을 통하여 캐릭터는 다양한 의사 표현을 하고 감정도 표현할 수 있다. 입의 크기는 두 눈의 중심에서 수직선을 그었을 때의 폭을 기준으로 더 넓으면 크고, 더 좁으면 작다고 볼 수 있다. 큰 입은 성실하고 명랑해 보이고, 작은 입은 우아하고 내성적이며 귀여운 인상을 준다.

몰랑의 다양한 입 모양

코

코는 눈과 입에 비해 생략되는 경우도 많고 표정을 짓는 데에는 상대적으로 덜 중요하게 여겨지기도 하지만 위치나 크기에 따라 캐릭터의 나이나 인상이 달라지므로 코의 유무, 위치, 크기와 표현방법 등을 신중하게 고려해야 한다.

귀

동물형 캐릭터의 경우, 귀는 캐릭터의 소재를 암시하는 중요한 요소이다. 축 처진 귀, 바짝 선 귀 등은 캐릭터의 감정이나 마음을 알 수 있는 요소로서의 역할을 하기도 한다.

이목구비의 위치/조화/비례

얼굴 내의 눈, 코, 입, 귀의 크기와 간격, 위치에 따라 다양한 캐릭터의 얼굴 이미지를 만들 수 있으며 나이, 성격 등을 표현할 수 있다. 얼굴 중앙을 기준으로 기준선을 그었을 때 눈과 귀는 좌우 대칭으로, 코와 입은 가운데에 정렬되는데, 눈과 코 사이가 멀어지게 되면 나이 든 인상을 주고 눈과 코 사

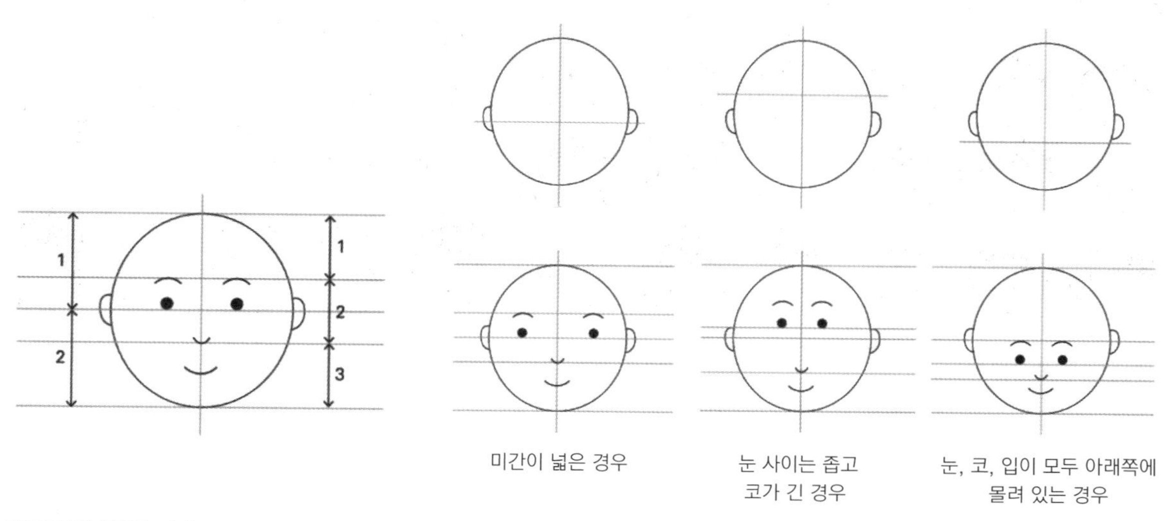

이목구비의 위치와 비례

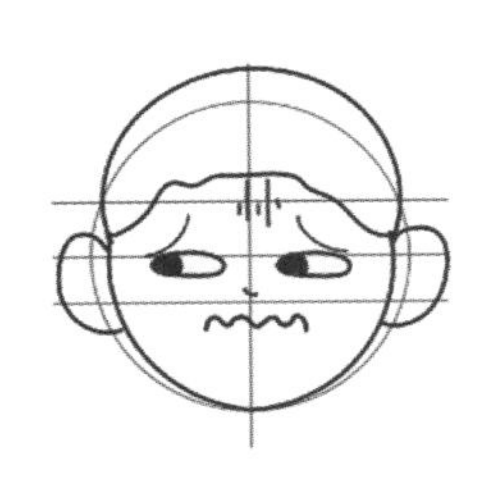
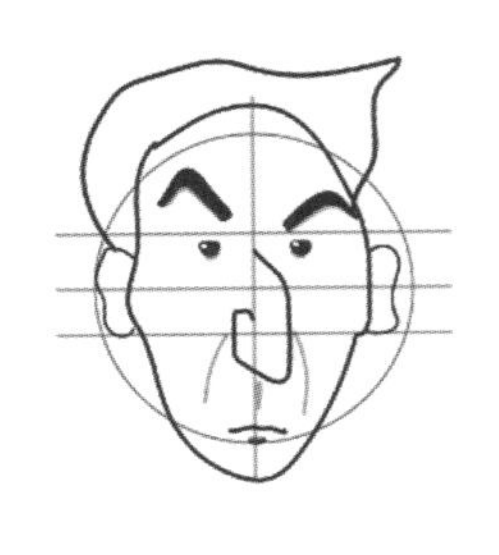
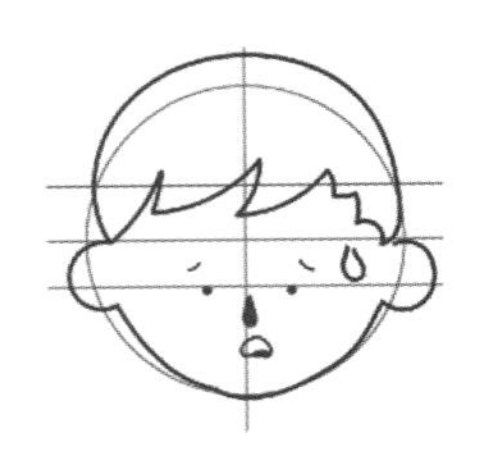

눈, 코, 입의 위치와 비례에 따른 캐릭터 얼굴(학생 작품)

이가 가까운 짧은 코는 어린아이와 같은 인상을 준다. 일반적으로 눈은 얼굴 길이의 절반 정도 위치에 있고, 눈썹은 얼굴 길이의 1/3 지점에, 코 끝은 얼굴 길이의 2/3 지점에 위치하며, 귀는 눈썹과 코 끝 사이에 자리한다.[19] 어린아이의 얼굴 비율은 성인에 비해 이마의 길이가 길고 턱이 짧은 특징을 가진다. 눈의 위치에 따라 캐릭터의 성격과 인상이 다르게 표현되기도 한다. 눈이 일반적인 위치보다 높게 위치하면 믿음직스럽고 어른스러운 인상을 주고, 낮게 위치하면 귀엽고 아이와 같은 인상을 준다.

나이별 남녀의 특징 표현

나이별 남녀의 특징 표현

19 전재혁 · 박경철(2005). 만화, 애니메이션, 캐릭터, 영상 기호론. 도서출판만남.

성격 표현

이목구비의 비례와 형태, 헤어스타일, 소품 등에 따라 개구쟁이 성격으로 표현할 수도 있고, 모범생 이미지로 설정할 수도 있다.

다양한 성격 표현

기타(헤어스타일, 매력포인트 등)

캐릭터의 이목구비 외에도 점, 속눈썹, 빰, 주름, 턱수염, 콧수염, 주근깨 등을 추가하거나 안경, 모자, 헤드셋, 넥타이, 스카프 등의 소품 또는 개성 있는 헤어스타일 등을 통해 캐릭터 고유의 매력포인트를 만들어 줄 수 있다.

다양한 헤어스타일

주근깨, 빰, 속눈썹, 반려동물을 통한 캐릭터의 개성 표현 사례 (학생 작품)

얼굴 그리기

실습 5

눈, 눈썹, 코, 입의 모양을 통해 다양한 캐릭터의 성격을 표현해 보자.

괄호 안에 표현하고자 하는 캐릭터의 성격을 단어로 기재한다(예 온순한, 용감한, 소심한, 쾌활한, 괴팍한, 명랑한, 우울한, 까칠한 등).

(1) 눈

( ) ( ) ( ) ( ) ( )

( ) ( ) ( ) ( ) ( )

(2) 눈썹

( ) ( ) ( ) ( ) ( )

( ) ( ) ( ) ( ) ( )

(3) 코

( ) ( ) ( ) ( ) ( )

( ) ( ) ( ) ( ) ( )

(4) 입

( ) ( ) ( ) ( ) ( )

( ) ( ) ( ) ( ) ( )

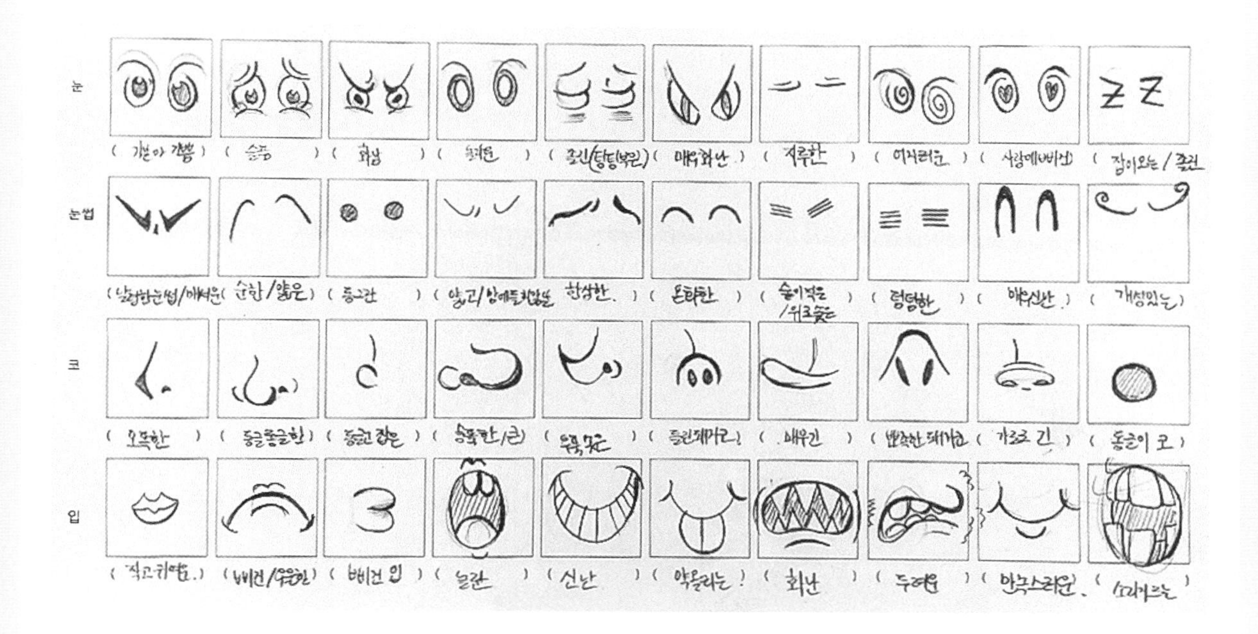

학생 작품

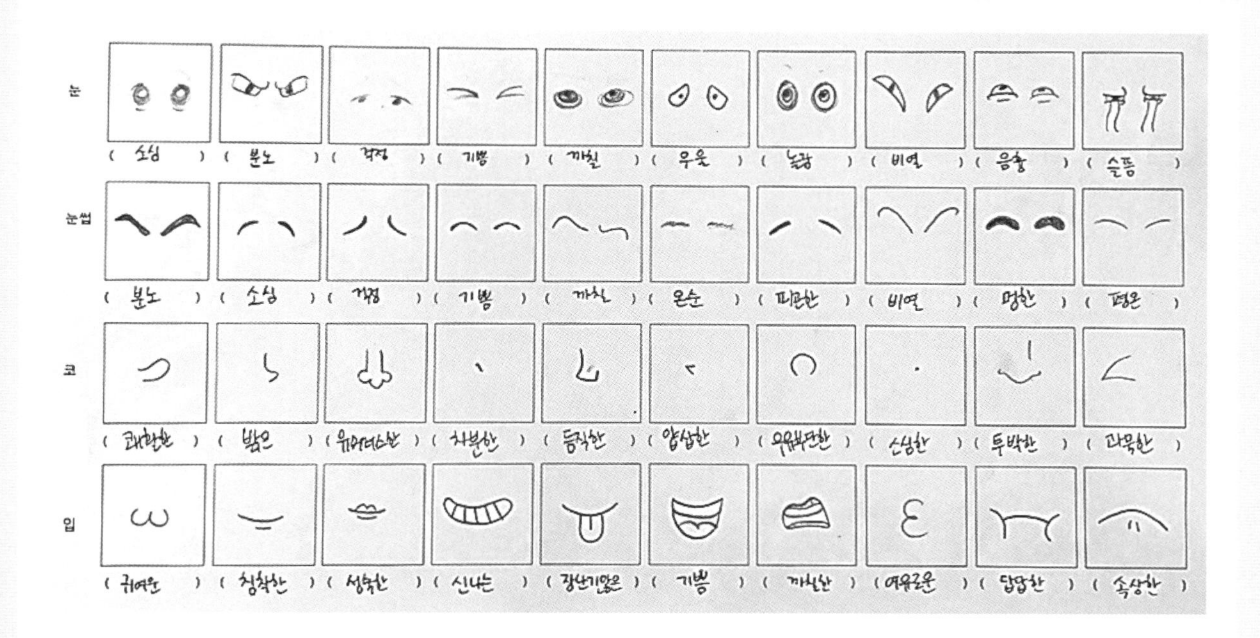

학생 작품

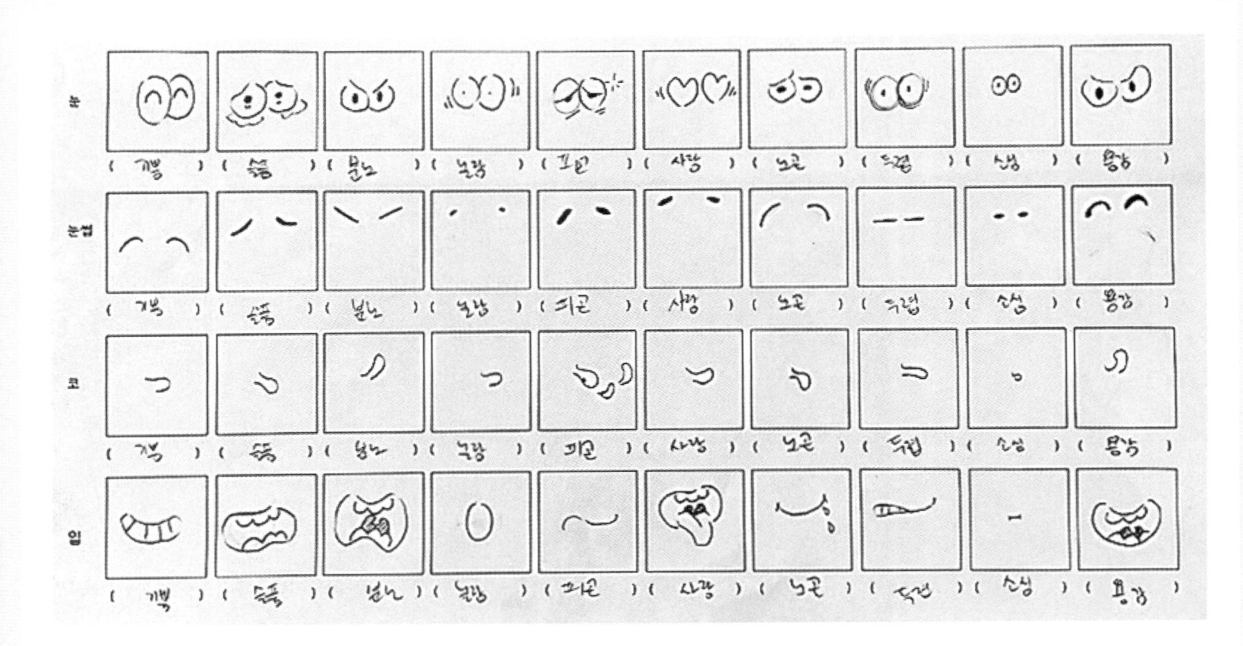

학생 작품

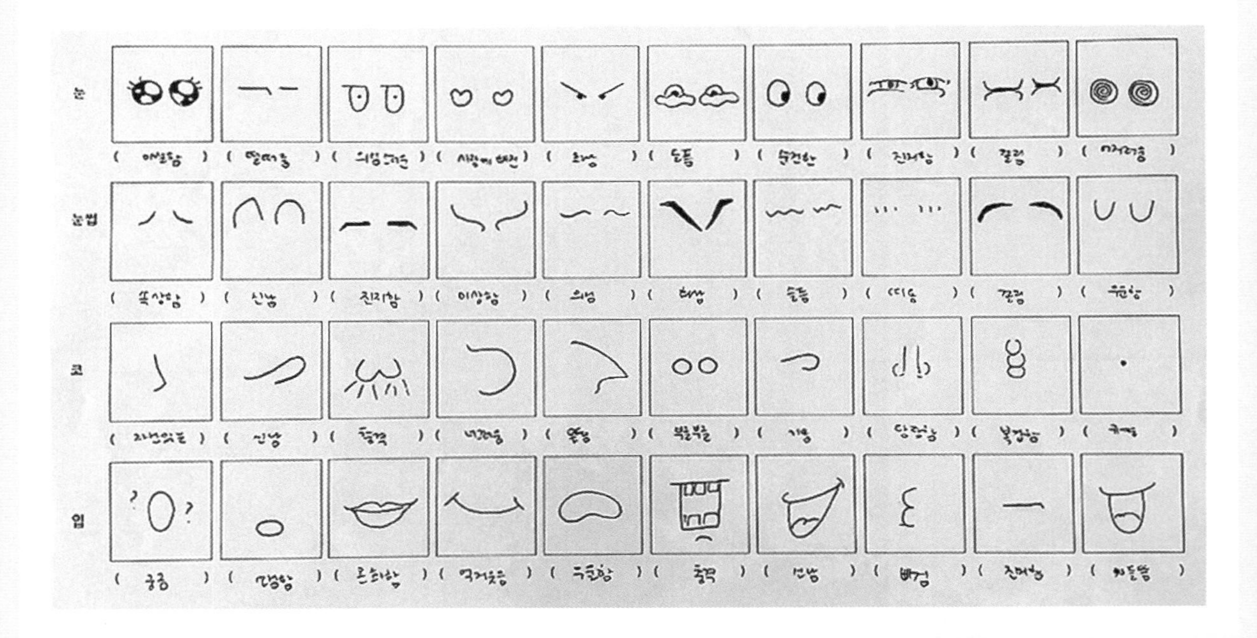

학생 작품

비례

아름다운 인체 표현을 위해 신체의 비율을 수량적으로 표현하려는 시도는 기원전 5세기경 그리스 예술가들에 의해 시작되었다. 두상을 기준으로 신장의 비율을 측정하였을 때 8등신의 비율이 가장 아름다운 조형미를 갖는다는 이야기를 한 번쯤 들어 본 적이 있을 것이다. 그렇다면 사랑받는 캐릭터는 어떤 신체 비례를 가지고 있을까?

비례는 조형 요소의 전체와 부분, 부분과 부분 간의 상대적인 크기를 뜻한다. 캐릭터 디자인에서 비례는 캐릭터의 인상에 영향을 주는 중요한 조형 요소이다. 캐릭터의 신체 비율은 캐릭터의 두상을 기준으로 신장 비율을 측정한 신체의 등신 비율을 뜻한다. 신체 비율은 캐릭터의 특성과 시각적인 감성을 결정하는 핵심적인 조형 요소로 캐릭터 디자인 과정에서 중요한 부분을 차지한다. 캐릭터의 신체 비례는 실제 인체 비율을 가지는 실제 형과 단순하고 과장된 비례를 가지는 SD(Super Deformation)형으로 구분할 수 있다. 일반적으로 성인은 7~8등신, 어린아이는 4등신의 신체 비율을 가지는데, 실제 형 캐릭터의 경우 6~8등신의 비례로 표현된다. SD형 캐릭터의 경우 1~5등신의 비율로 표현되어 비현실적인 신체 비례를 가진다. 캐릭터는 1~8등신뿐만 아니라 1.5등신, 2.5등신, 3.5등신으로도 표현될 수 있으며, 개성 있는 캐릭터를 창조하기 위해서 일상에서 볼 수 있는 대상물의 비례를

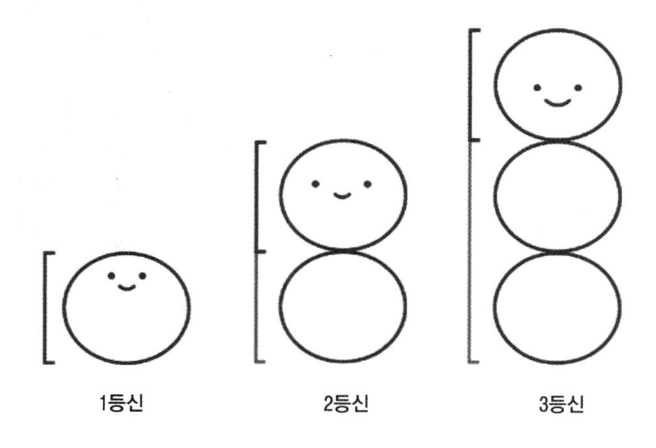

캐릭터의 신체 비율

의도적으로 축소하거나 확대하여 시각적인 흥미와 호기심을 불러일으킬 수 있다. 비례 변화를 통해 캐릭터의 이미지가 달라질 수 있으므로 캐릭터의 성격과 연령, 특징에 따라서 어울리는 비례를 적용하는 것이 중요하다.

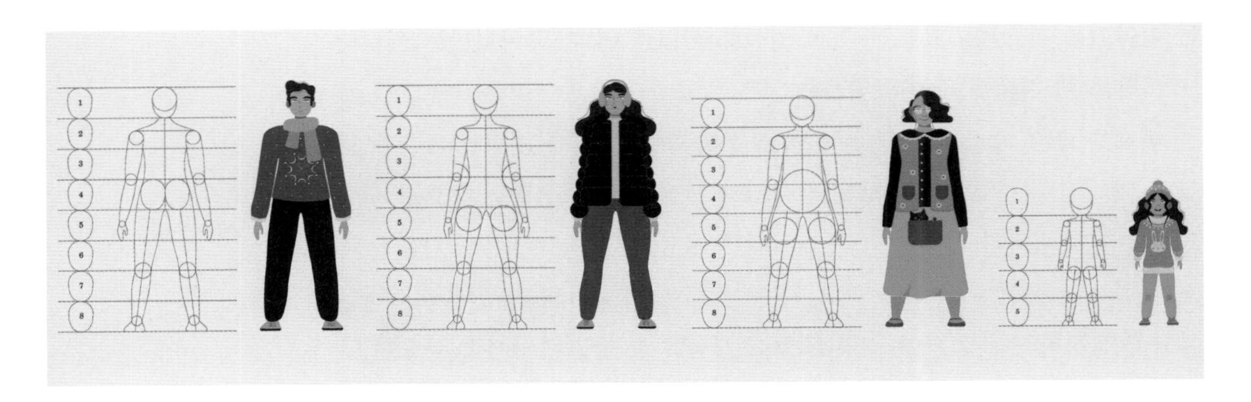

성인과 어린아이의 신체 비율

후, 저스틴, 로빈, 예티, 실비아 캐릭터의 신체 비율(학생 작품)

연령과 성별에 따른 캐릭터의 비례 변화

SD형 캐릭터의 신체 비례

캐릭터의 신체는 얼굴로 구성된 상단부와 인체로 보여지는 하단부로 구분할 수 있다. 전 세계적으로 많은 사람들이 선호하는 캐릭터의 신체 비율은 2~3등신으로 과장된 머리에 비해 협소한 신체로 구성되어 귀엽고 친근한 인상을 준다. 2~3등신 비율의 캐릭터는 풍자성, 비현실성을 나타내기도 하며 많은 움직임을 표현해야 하는 게임과 애니메이션보다는 단순한 움직임을 표현하는 이모티콘, 상품화 캐릭터, 마스코트 등에서 더 자주 활용된다. 다양한 연령대의 사용자층을 가진 닌텐도 스위치 게임인 '모여봐요 동물의 숲'과 뽀통령이라고 불리며 전 세계적으로 어린이들의 마음을 사로잡고 있는 '뽀롱뽀롱 뽀로로', 카카오프렌즈의 캐릭터들도 2~3등신의 비율을 가진다.

두상이 있는 상단부와 신체의 하단부가 동일한 길이로 구성된 2등신 비율의 캐릭터는 미국 월트디즈니사의 미키 마우스, 한국 '아기공룡 둘리'의 둘리, 한국 S-OIL 브랜드 캐릭터 구도일, 벨기에 '개구쟁이 스머프'의 스머프, 일본 헬로키티의 키티, 일본 닌텐도 '모여봐요 동물의 숲'의 너굴, 스페인 하계올림픽 마스코트인 코비 등이 있다. 3등신 비율의 캐릭터는 초기 만화에서 많이 볼 수 있으며 2등신 캐릭터보다 움직임을 효과적으로 보여 줄 수 있다. 한국 캐릭터 사례로는 '고바우 영감'의 고바우와 '뽀롱뽀롱 뽀로로'의 포비 등이 있다. 신체 비율이 2등신 미만인 경우 캐릭터의 손과 발이 단순화되어 표현되는 경향이 있다. 2등신 미만의 캐릭터로는 '별의 커비'의 커비, 몰랑이, 카카오프렌즈의 어피치, '앵그리버드'의 레드 등이 있다.

신한카드 임연진 사장 아바타 (왼쪽)와 김대욱 네이버제트 대표의 아바타 제휴 조인식

4~5등신 비율의 캐릭터는 귀엽고 친근한 인상을 주며 몸통 부분에서 좀 더 다양한 의상과 동작 표현이 가능하다. 4등신의 비례는 실제 어린이의 신체 비율이나 캐릭터 디자인에서는 10대 초중반 연령의 캐릭터에 사용되기도 한다. 슈렉은 괴물 캐릭터이지만 4등신 비율로 표현되어 친근하게 느껴진다. 4등신 비율의 캐릭터는 귀여운 인상을 주면서 어느 정도의 액션 표현이 가능하다. 5등신의 신체 비례는 만화에서 소년, 소녀 캐릭터에서 자주 사용된다. 귀여움을 강조하면서도 인체의 매력을 드러낼 수 있어서 종종 성인 캐릭터에 적용되기도 한다. 메타버스 기반 플랫폼인 제페토의 아바타 캐릭터는 5등신 비율로 표현되어 있다.

실제 형 캐릭터의 신체 비례

6~8등신은 실제 인체 표준에 가까운 비례로 성인 캐릭터에 사용되며, 다양한 동작 표현이 가능하여 애니메이션 캐릭터에 자주 활용된다. 6등신 비율

은 청소년 체형으로 벨기에 만화 '틴틴'에서 소년 기자 땡땡은 실제 성인의 신체 비율인 7~8등신보다 조금 작은 6등신의 신체 비율로 표현되었다. 캐릭터가 실제 인체 표준 비례에 가까운 7~8등신의 비율로 표현되는 경우, 현실 공간에 존재할 것 같은 착각을 불러일으킬 수 있으며 성숙한 느낌을 준다. 7등신의 신체 비율을 가지는 캐릭터는 '원피스'의 주인공인 19세 소년 루피와 '인크레더블'의 미스터 인크레더블 등이 있다. 아름다운 신체 비례의 기준으로 알려져 있는 8등신 캐릭터는 동작, 의상 등에서 다른 신체 비율을 가진 캐릭터보다 사실적으로 표현된다. 8등신의 신체 비율을 가진 마블 캐릭터들의 경우 의상, 무기의 표현이 사실적으로 묘사된 것을 볼 수 있다. 8등신 캐릭터는 몸과 액션의 표현에 중점을 두는 경향이 있다. 게임 캐릭터는 작은 두상과 긴 다리의 9등신의 과장된 신체 비율로 표현되기도 하며 영웅적인 인상을 준다.

캐릭터의 신체 비율은 일관되게 적용되는 것이 일반적이나 상품 제작을 위해 캐릭터의 신체 비율을 재조정하는 경우도 있다. '리니지' 게임과 마블 캐릭터의 경우 전투적인 전사 이미지의 8~9등신 신체 비율을 3~5등신의 신체 비율로 작고 귀엽게 변형하여 다양한 상품으로 제작하고 있다.

SD형으로 재제작된 마블 캐릭터

실습 6 비례 변형

내가 좋아하는 캐릭터의 전신 이미지를 수집하고, 등신 비율은 몇 등분으로 구분할 수 있는지 살펴보자. 왜곡과 과장, 축소 기법을 활용하여 캐릭터를 다양한 비율로 바꾸어 표현해 보자. 머리와 몸통을 동일한 길이로 그리면 1:1 비율의 2등신 캐릭터를 만들 수 있다.

캐릭터의 등신 비율에 따라 캐릭터의 성격이 어떻게 다르게 보이는지 이야기해 보자. 예를 들어 2등신의 비율인 캐릭터의 머리 부분을 더 과장하여 확대하고, 다리 부분을 축소하여 표현한다면 캐릭터의 얼굴이 더 잘 보일 수 있으나 동작은 이전보다 둔하게 보일 수 있다.

- 캐릭터 이름:
- 캐릭터 설정(성별, 나이, 이미지 등)

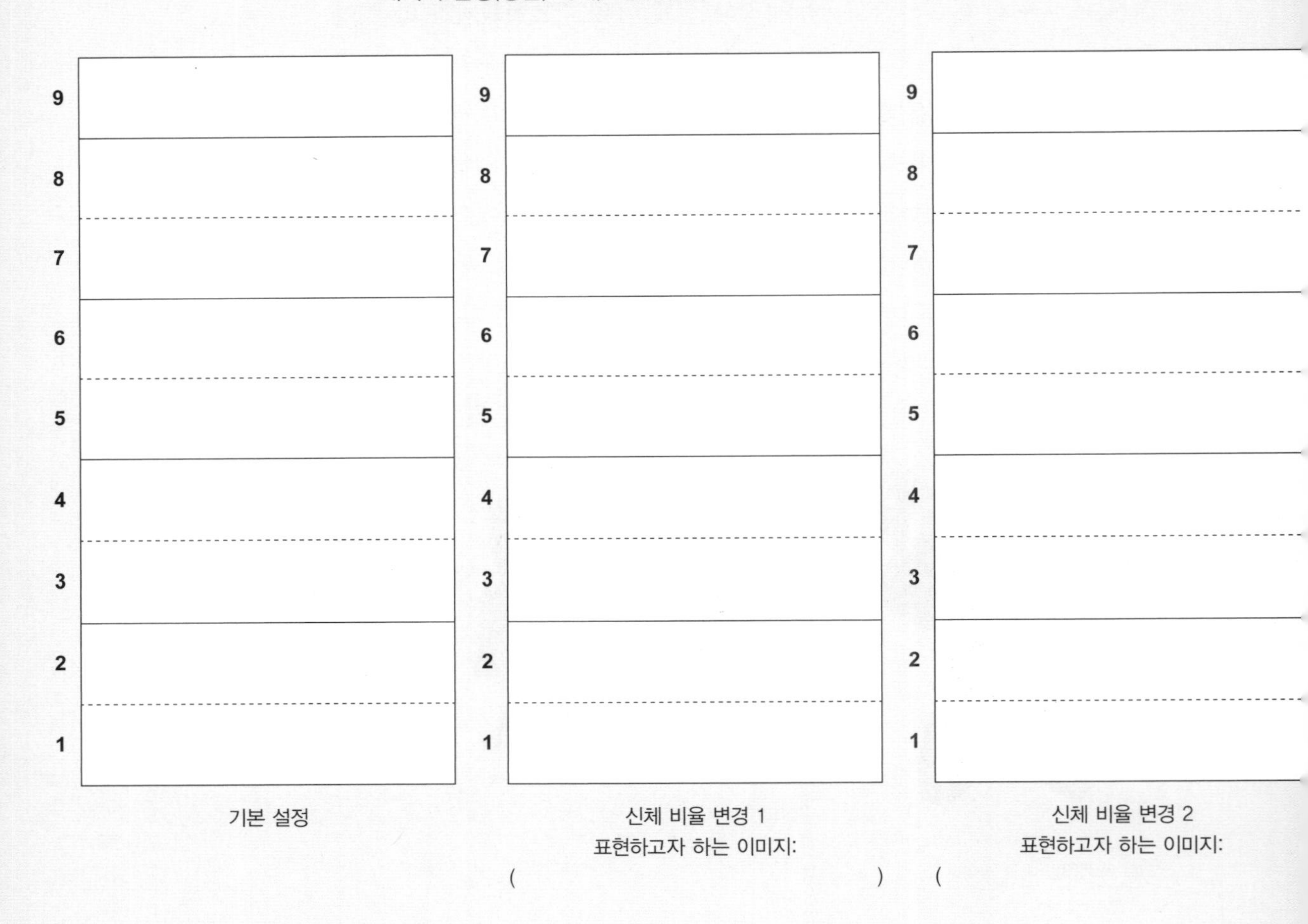

캐릭터 비율 변형 사례(학생 작품)

컬러

"슈퍼 파워를 가진 캐릭터들은 왜 항상 빨간색 옷과 망토를 두르고 있는 걸까? 몬스터 캐릭터들은 왜 대부분 초록색으로 표현되는 것일까?"

디자인의 기본 요소 가운데 하나인 색채는 색상(hue), 명도(value), 채도(saturation)의 3가지 요소로 구성되어 있다. 색상은 다른 색과 구별되는 고유한 성질로 빨강, 주황, 노랑, 초록, 파랑, 보라와 같이 색상 고유의 이름을 가진다. 명도는 색의 밝고 어두운 정도로 특정한 색에 흰색 또는 검은색을 섞으면 명도를 높이거나 낮출 수 있다. 채도는 색의 맑고 탁한 정도를 뜻하며, 하나의 색상 중 가장 채도가 높은 선명한 색을 순색이라고 한다. 캐릭터의 색상, 명도, 채도에 따라 다양한 감정과 성격, 개성을 표현할 수 있다. 캐릭터 디자인에서 색채는 캐릭터의 형상을 부각시켜 주는 강력한 시각 요소이다. 동일한 형태의 캐릭터라도 색채의 사용에 따라 캐릭터의 성격과 이미지가 다르게 느껴질 수 있다. 따라서 색채를 통해 캐릭터의 개성을 잘 표현하기 위해서는 각각의 색상이 어떤 이미지를 가지고 있는지 이해하고 캐릭터의 성격과 어울리는 색을 적용할 수 있는 감각이 필요하다.

색의 상징은 빨간색을 보면 '열정' 또는 '사랑'의 감정이 떠오르고 파란색을 보면 시원함을 느끼는 것과 같이 우리의 경험과 기억이 반영된 색의 연상 작용과 관련이 있다. 색에 대한 개개인의 경험이 오랜 기간 사회에서 축적되고 대중으로 확장되면 색의 상징으로 인식된다. 캐릭터 디자인에서 캐릭터의 성격과 이미지와 어울리는 색을 상징적으로 사용하기 위해서 각 색상별 상징과 연상 이미지를 대표적인 캐릭터 사례와 함께 살펴보도록 하자.

빨강 RED

빨강은 열정, 사랑, 용기를 상징하는 색상으로 캐릭터에 적용하면 강렬한 인상을 줄 수 있다. 가루만 바라보는 사랑꾼으로 가루가 위험에 처하면 괴력이 생기는 스토리를 가진 캐릭터인 뿌까는 빨강의 긍정적 이미지를 잘 보여준다. 빨간색 하트 형태의 얼굴을 가진 BT21의 타타는 사랑이 부족한 행성에 사랑을 전하는 스토리를 상징적으로 담고 있다. 빨강은 강한 생명력, 힘, 승리의 의미를 가지기도 하는데 미스터 인크레더블, 호빵맨, 슈퍼 마리오와 같이 악당을 물리치는 슈퍼 파워를 가진 히어로 캐릭터에 빨간색이 자주 사용된다. 빨강의 부정적 연상 이미지로는 분노, 공포, 위험 등이 있다. '인사이드 아웃'의 버럭(Anger), '앵그리버드'의 레드 버드, '라바'의 레드, '포켓몬스터'의 리자드와 같이 거친 성격을 가진 캐릭터들도 빨간색으로 자주 표현된다.

뿌까	라바 레드	슈퍼 마리오 마리오	포켓몬스터 리자드	BT21 타타	앵그리버드 레드

캐릭터에 적용된 빨강 색채

주황 ORANGE

주황은 즐거움, 활력, 식욕을 상징하는 색으로 심리학에서는 타인에 대한 존경, 좋은 본성, 지혜를 의미하기도 한다. 주황색의 캐릭터 중 '곰돌이 푸'의 푸는 성격이 느긋하고 꿀을 좋아하는 긍정적인 성격의 캐릭터이다. '냉장고 나라 코코몽'에서 당근이었다가 당나귀가 된 케로는 노래하고 춤추는 것을 좋아하는 활발한 성격으로 주황의 긍정적 이미지를 잘 보여 준다. 주황은 질투, 야망, 사탄 등의 이미지로도 사용된다. 식욕이 많고 영악한 성격으로 묘사되어 '심술 고양이 가필드'라고도 불리는 가필드는 주황의 긍정적·부정적 연상 이미지를 복합적으로 담고 있다. 이 외에도 '메이플스토리' 게임의 주황 버섯과 '곰돌이 푸'에서 쾌활하고 인간적인 성격의 호랑이 티거, '니모를 찾아서'의 니모 등이 주황색으로 표현되었다.

가필드	니모를 찾아서 니모	냉장고 나라 코코몽 케로	곰돌이 푸 푸	곰돌이 푸 티거	메이플스토리 주황 버섯

캐릭터에 적용된 주황 색채

노랑 YELLOW

노랑은 태양의 색으로 밝음, 기쁨, 순수함과 같은 긍정적 의미를 가진다. 카카오프렌즈의 캐릭터 중 무지는 토끼 옷을 입고 있는 노란 단무지로 밝고 긍정적인 성격을 가지며, 노란색 스폰지밥도 순진하고 긍정적인 에너지의 캐릭터로 묘사되고 있다. 노랑은 어린아이와 순수함을 상징하기도 해서 '인사이드 아웃'의 기쁨, '포켓몬'의 피카츄, '라바'의 옐로우 등과 같이 밝고 귀여운 이미지를 가지는 캐릭터에서 자주 볼 수 있다. 노랑의 부정적 연상으로는 배신, 겁쟁이, 가벼움, 속임수가 있다. '슈퍼배드'와 '미니언즈'에서 노란색 피부를 가진 미니언 캐릭터는 유쾌하고 귀여우면서도 소심한 성격을 가지고 있어 노랑의 긍정적·부정적 이미지를 잘 반영하고 있다.

스폰지밥	카카오프렌즈 무지	미니언즈 미니언	포켓몬 피카추	라바 옐로우	루니 툰 트위티

캐릭터에 적용된 노랑 색채

초록 GREEN

초록은 자연의 색으로 평화, 안전, 휴식, 신선함, 봄과 같은 긍정적 의미를 가진다. 시각적으로 눈의 피로가 적어 편안하고 안정적인 인상을 준다. '냉장고 나라 코코몽'의 완두콩 캐릭터인 두콩·세콩·네콩과 오이에서 악어로 변신한 아글, '러시앤캐시'의 무과장, 게임 캐릭터 콩슈터 등과 같이 식물을 소재로 한 캐릭터에서 초록색을 자주 볼 수 있다. 한편 초록은 덜 익은 풋과일을 연상시키며 미성숙, 순수한 마음을 의미하기도 하는데 피터팬의 초록 모자와 의상에서 이러한 색의 상징을 엿볼 수 있다. 초록은 독, 타락, 광기, 괴물과 같은 의미도 가지는데 '인사이드 아웃'의 까칠과 같이 거친 성격의 캐릭터를 표현할 때 초록색을 사용하기도 한다. 초록은 슈렉, 헐크, '몬스터 주식회사'의 마이크, '디지몬 어드벤처'의 팔몬과 같이 외계인이나 몬스터를 소재로 한 캐릭터에서도 볼 수 있다.

슈렉	몬스터 주식회사 마이크	헐크	디지몬 어드벤처 팔몬	플랜츠 vs 좀비 콩슈터	냉장고 나라 코코몽 아글

캐릭터에 적용된 초록 색채

파랑 BLUE

파랑은 맑고 시원한 이미지를 가지며 신뢰, 진실, 충성, 신비로움을 상징하며 가장 많은 사람들이 선호하는 색으로 알려져 있다. 파란색이 적용된 캐릭터에는 '세서미 스트리트'의 쿠키 몬스터, '몬스터 주식회사'의 설리, '알라딘'의 램프의 요정 지니, '개구쟁이 스머프'의 파란 난쟁이 스머프 등이 있다. 파랑이 동물 캐릭터에 사용되면 이 세상에 존재하지 않는 신비하고 환상적인 이미지를 나타낼 수 있다. 파란색이 적용된 동물 캐릭터는 모닝글로리의 블루 베어, 고슴도치 캐릭터인 '소닉 더 헤지혹'의 소닉, 고양이를 소재로 한 도라에몽, 해달 보노보노 등이 있다. 애니메이션 영화 '소울'에서도 주인공이 지구에 태어나기 전의 영혼으로 표현될 때는 파란색으로 묘사된 것을 볼 수 있다. 언어에서 블루는 우울함을 뜻하기도 하는데 '인사이드 아웃'에서 항상 비관적이고 축 처져 있는 캐릭터인 슬픔의 경우 파랑의 우울, 허무, 슬픔을 상징적으로 보여 준다.

도라에몽	보노보노	개구쟁이 스머프	소닉	릴로 & 스티치 스티치	알라딘 지니

캐릭터에 적용된 파랑 색채

보라 PURPLE

보라는 빨강과 파랑을 섞어서 만든 혼합색으로 고귀함, 우아함, 신비함을 상징하여 마법과 전설, 환상의 세계에 대한 내용을 다루는 판타지 게임 속 캐릭터나 '라푼젤'의 공주, '뽀롱뽀롱 뽀로로'의 패티와 같이 소녀 캐릭터의 옷에서 자주 볼 수 있다. '레전드 오브 룬테라' 게임 속 룰루는 환상과 상상 속에서나 존재할 법한 생명체를 만들어 내는 마법사 캐릭터로 보라색 옷을 입고 있으며, '프린세스 트와일라잇'의 스파클 역시 마법학교 출신이라는 설정을 가지고 있다. 한편 보라는 허영, 폭력, 불안과 같은 의미를 가지고 있다. '잠자는 숲 속의 공주'의 마녀인 말레피센트는 보라색의 옷깃과 눈 화장을 하고 있으며, '인사이드 아웃'에서 겁이 많은 캐릭터 소심의 얼굴도 보라색으로 묘사되었다. '레전드 오브 룬테라' 게임의 초가스는 공허에서 나온 생명체로 공허의 공포라는 상징을 가지며, '리그 오브 레전드'의 카이사 역시 공허의 딸이라는 설정으로 보라 색상이 적용된 것을 볼 수 있다.

라푼젤	뽀롱뽀롱 뽀로로 패티	프린세스 트와일라잇 스파클	인사이드 아웃 소심	레전드 오브 룬테라 초가스	리그 오브 레전드 카이사

캐릭터에 적용된 보라 색채

흰색 WHITE

흰색은 순수, 청결, 평화의 긍정적인 이미지를 가진다. 흰색의 긍정적 의미를 가지는 대표적인 캐릭터로 무민과 베이맥스가 있다. 무민은 북유럽 신화와 전설에 등장하는 초자연적인 존재인 트롤로 항상 행복을 찾아다니며 언제나 낙천적인 성격의 순진하고 마음 따뜻한 성격을 가지고 있다. '빅 히어로'에서 흰색의 슈퍼히어로 베이맥스도 사람을 치유하는 힐링 로봇으로 상대를 배려하고 소통하는 따뜻한 마음을 가지고 있다. 흰색은 공허와 죽음을 애도하는 의미를 가지기도 하여 꼬마 유령 캐스퍼, '무민'의 해티패트너, 영화 '소울'의 영적인 캐릭터들에서 흰색이 적용된 것을 볼 수 있다. 이 외에도 마시마로(엽기토끼), '짱구는 못말려'의 흰둥이, 2018년 평창 동계올림픽의 마스코트인 수호랑과 같이 소재의 흰 색상을 그대로 반영하여 표현한 사례도 있다.

스누피	평창 동계올림픽 수호랑	빅 히어로 베이맥스	무민	겨울왕국 올라프	마시마로

캐릭터에 적용된 흰색 색채

검정 BLACK

검정은 빛이 없는 밤의 어두움을 연상하게 하여 죽음, 공포, 악, 죄, 우울, 침묵과 같은 이미지를 많이 가지고 있다. 검정은 '개구쟁이 스머프'의 가가멜, '무민'에서 악취를 풍기는 검은색 털북숭이 악동 스팅키, '인어공주'의 우르술라, '백설공주와 일곱 난쟁이'의 마녀와 같은 캐릭터에서 자주 사용된다. 이 외에도 '센과 치히로의 행방불명'에서 가오나시와 숯검댕이, '산리오'의 쿠로미, 일본 구마모토현의 마스코트 구마몬, '마녀 배달부 키키'의 고양이 지지에서 검은색이 사용되었다. 펠릭스는 재주 많고 귀여운 성격으로 묘사되어 검은 고양이가 저주의 상징이라는 고정관념에서 벗어나 행운의 상징으로 탈바꿈하여 1920년대에 많은 사랑을 받았다. 검정은 종교적인 이미지로 사용될 경우 근엄하고 보수적인 이미지를 나타내며, 부와 권력, 세련과 같은 이미지를 가지기도 한다.

검은 고양이 펠릭스	산리오 쿠로미	개구쟁이 스머프 가가멜	구마몬	마녀 배달부 키키 고양이 지지	센과 치히로의 행방불명 숯검댕이

캐릭터에 적용된 검정 색채

회색 GREY

회색은 검정과 흰색의 혼합색으로 중립적인 인상을 주며 무관심, 후회와 같은 이미지와 성숙, 신중과 같은 이미지를 가진다. 회색은 명암의 정도에 따라 인상이 다르게 나타나지만 일반적으로 무겁고 차가운 인상을 준다. 진한 회색은 성숙한 이미지를 전달한다. 회색의 캐릭터는 살찐 얼룩무늬 회색 고양이 푸쉰(Pusheen), '톰과 제리'의 고양이 톰, 반달가슴곰을 형상화한 평창 동계올림픽의 마스코트 반다비, '레이디와 트램프'의 슈나우저 트램프, '라따뚜이'의 쥐 레미, '오즈의 마법사'의 양철 나무꾼 등이 있다. '이웃집 토토로'에서 토토로는 나이가 많은 숲의 정령으로 노숙하고 순수한 마음을 가진 캐릭터로 묘사되는데 회색의 이미지를 잘 보여 준다.

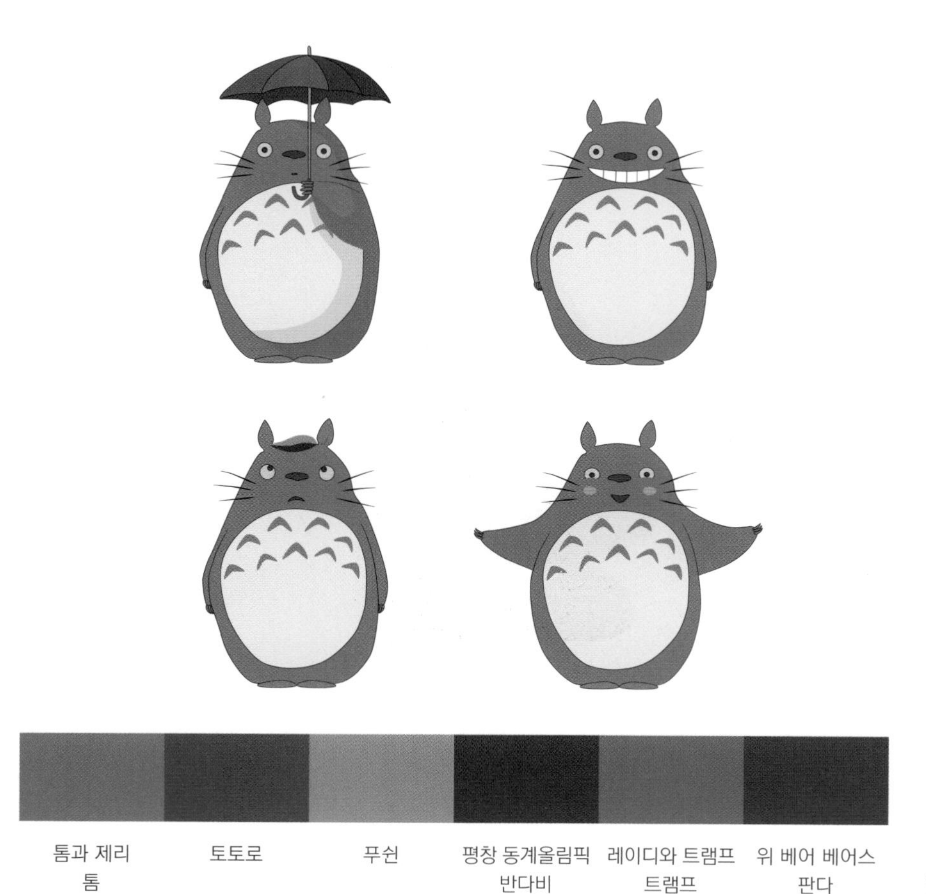

캐릭터에 적용된 회색 색채

갈색 BROWN

갈색은 나무를 연상하게 하여 차분하고 따뜻한 이미지를 가진다. 나무와 자연을 소재로 한 갈색 캐릭터는 마블의 그루트와 '포켓몬스터'의 꼬지모가 있다. 갈색은 내성적, 정직, 성실과 같은 심리적 이미지를 가지기도 하는데 라인프렌즈의 브라운, 카카오프렌즈의 프로도와 라이언은 무뚝뚝하지만 정직하고 책임감이 강한 성격으로 갈색의 작용 심리를 잘 반영하고 있다. 이 외에도 닌텐도의 동키콩, '슈퍼 마리오 시리즈'의 버섯 몬스터, '모여봐요 동물의 숲'의 너굴, 일본방송협회의 마스코트 도모군, '포켓몬'의 두더지 디그다, 리락쿠마, '위 베어 베어스'의 내성적이고 섬세한 곰 그리즈 등이 있다.

카카오프렌즈 라이언	카카오프렌즈 프로도	라인프렌즈 브라운	리락쿠마	닌텐도 동키콩	포켓몬스터 디그다

캐릭터에 적용된 갈색 색채

분홍 PINK

산리오의 마이멜로디와 헬로키티는 귀여운 인상을 주어 오랜 기간 많은 사람들의 사랑을 받았다. 분홍색의 캐릭터에는 카카오프렌즈의 어피치, '벼랑 위의 포뇨'의 포뇨, 핑크 팬더, 닌텐도 '별의 커비'의 커비, '네모바지 스폰지밥'의 뚱이, '선물공룡 디보'의 토끼 버니 등이 있다. 한편, '뽀롱뽀롱 뽀로로'의 루피와 '곰돌이 푸'의 피글렛은 소심하고 겁이 많은 성격을 보여 준다. 일본 그래픽 디자이너 모리 책(Mori Chack)의 글루미 베어(Gloomy Bear)는 인간을 먹는 2미터 높이의 폭력적인 곰으로 표현되고 있으며, 니니즈의 분홍 곰 스카피도 극악무도한 북극곰이라는 과거를 가지고 있다.

곰돌이 푸 피글렛	마이멜로디	별의 커비 커비	뽀롱뽀롱 뽀로로 루피	니니즈 스카피	네모바지 스폰지밥 뚱이

캐릭터에 적용된 분홍색 색채

배색

캐릭터 디자인에서 색채는 캐릭터의 피부, 머리, 의상, 소품 등에 적용된다. 캐릭터는 한 가지 색이 독립적으로 사용되는 것보다 2개 이상의 색이 함께 사용되는 경우가 더 많다. 캐릭터에서 주조색은 가장 넓은 면적을 차지하고, 보조색은 주조색을 보조해 주는 역할을 한다. 모자, 목걸이, 벨트 등과 같이 캐릭터의 차별화를 위해 사용되는 소품의 색도 보조색에 포함된다. 뽀로로의 주조색은 파랑, 보조색은 노랑이며, 미니언의 주조색은 노랑, 보조색은 파랑으로 구성되어 있다. 강조색은 배색에서 포인트를 주는 색으로 채도가 높은 색을 사용하는 경우가 많다. 주조색, 보조색, 강조색은 6:3:1의 비율로 배색하는 것이 효과적이다.

캐릭터의 주조색, 보조색, 강조색 배색

색의 기능과 목적에 따라 2개 이상의 색이 인접한 것을 배색이라고 한다. 색은 어떤 색과 함께 사용하는지에 따라 다른 감성을 전달하므로 캐릭터의 색채는 캐릭터의 이미지를 잘 표현할 수 있도록 배색하는 것이 중요하다. 유사 배색이란 색상환에서 근접한 색으로 배색을 하는 것이며 색상 차이가 작기 때문에 편안하고 부드러운 인상을 준다. 메인 캐릭터의 조력자 역할을 하는 서브 캐릭터를 메인 캐릭터와 유사색으로 채색하여 조화롭게 표현한 사례로는 '라바'의 레드와 옐로우, '네모바지 스폰지밥'의 스폰지밥과 뚱이, '피터팬'의 피터팬과 팅커벨, 카카오프렌즈의 무지와 콘 등이 있다. 색상환에서 반대편에 위치한 보색 관계의 색으로 배색을 하게 되면 강렬한 인상을 주며 주목성을 높일 수 있다. 메인 캐릭터의 조력자 역할을 하는 서브 캐릭터를 메인 캐릭터의 반대색 또는 보색으로 채색하여 표현한 사례로는 닌텐도 '슈퍼 마리오'의 마리오와 루이지, '니모를 찾아서'의 니모와 도리 등이 있다. 인사이드 아웃의 까칠은 초록의 피부색과 반대 관계에 있는 보라색을 스카프와 구두에 적용하였다. 2가지 색상 간의 차이가 너무 크거나 작은 경우에는 색과 색 사이에 무채색과 같은 분리색을 추가하여 조화로운 배색을 만들어 낼 수 있다. 분리색은 전체에서 너무 많은 면적을 차지하지 않도록 하는 것이 좋다.

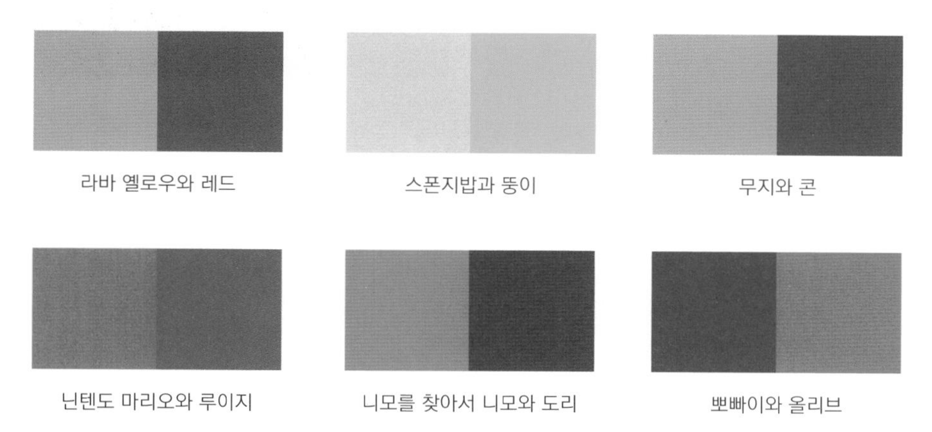

캐릭터의 유사색, 보색, 반대색 배색

순색에 흰색, 검정, 회색과 같은 무채색이나 보색을 혼합하면 채도의 변화로 인해 다양한 톤(tone)의 색을 만들어 낼 수 있다. 같은 톤의 색으로 배색하는 것을 톤 인 톤(tone in tone) 배색이라고 한다. 니니즈의 캐릭터들과 같이 유사한 톤의 색으로 배색하면 통일감을 줄 수 있다. '뽀롱뽀롱 뽀로로'의 루피와 '꼬마 버스 타요'의 타요와 같이 한 가지 색상 내에서 톤의 차이를 두어 배색하는 것을 톤 온 톤(tone on tone) 배색이라고 한다. 같은 색상도 톤의 변화에 따라 다양한 이미지를 가지며, 색의 인상에도 영향을 준다.

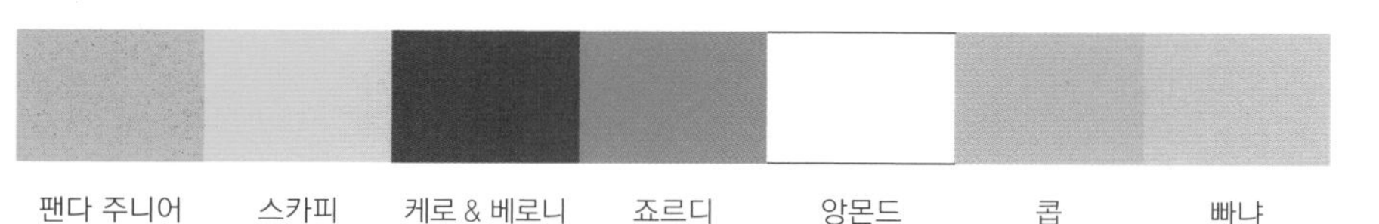

니니즈 캐릭터의 톤 인 톤 배색

예티 캐릭터의 배색(학생 작품)

뽀롱뽀롱 뽀로로 루피

인사이드 아웃 까칠

캐릭터의 톤 온 톤 배색

순색이나 순색에 가까운 고채도의 화려한 톤은 어린이들이 선호하는 색으로 어린이를 주 타깃으로 하는 캐릭터에 자주 사용된다. 화려한 톤의 경우 강렬한 색채로 인해 형태나 질감의 특징이 잘 보이지 않게 되어 섬세한 특징을 표현해야 할 경우에는 사용하지 않는 것이 좋다. 흰색이 많이 혼합된 밝은 톤의 색은 여성스럽고 부드러우며 섬세한 인상을 주어 캐릭터의 성격이 선한 경우 고채도 고명도의 색이 자주 사용되는 경향이 있다. 디즈니의 대표 캐릭터 중 하나인 미키 마우스와 미니 마우스의 경우, 베이비 캐릭터에서는 고명도의 파스텔톤의 색을 적용하여 부드럽고 귀여운 이미지를 전달한다. 검정이나 진한 회색이 혼합된 어두운 톤은 엄숙하며 성숙한 느낌을 준다. 캐릭터의 성격이 밝은 경우 고채도 고명도의 색이 자주 사용되고 '개구쟁이 스머프'의 가가멜과 아즈라엘과 같은 캐릭터에는 저채도 저명도의 색이 사용되는 경향이 있다.

미키 마우스, 미니 마우스

베이비 미키 마우스, 미니 마우스

가가멜

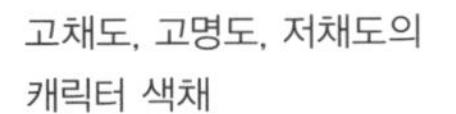

고채도, 고명도, 저채도의 캐릭터 색채

이모티콘 캐릭터의 색채와 배색

이모티콘 캐릭터를 제작하는 경우 캐릭터의 성격과 개성에 어울리는 색을 선정하는 것과 함께 캐릭터가 채팅방에서 잘 보이고 읽힐 수 있도록 하는 것이 중요하다. 캐릭터에 라인이 있다면 채팅방과 캐릭터의 색이 분리되어 가독성에 문제가 없으나 라인이 없는 경우에는 캐릭터와 소품 등이 배경색에 묻혀서 잘 구분되어 보이지 않을 수 있다. 따라서 이모티콘 캐릭터의 색은 채팅방의 배경색을 고려하여 색상 선정에 주의를 기울여야 한다. 카카오톡의 기본 배경색은 밝은 파란색(#a0c0d7)이고 하단 목록 탭의 배경색은 밝은 회색(#eeeeee)으로 채팅방에 이모티콘을 사용하기 위해 선택하는 목록 탭에서도 캐릭터가 잘 돋보일 수 있는 색을 선정할 필요가 있다.

채팅창에서 보여지는 라인 유무에 따른 소심한 사자 캐릭터(학생 작품)

실습 7 색채와 배색

STEP 1

실습 3에서 진행했던 '하나의 소재 여러 캐릭터' 실습 스케치 중에서 각 단어별로 가장 마음에 드는 사례를 한 개씩 선택한다. (총 4가지 스케치 선택)

STEP 2

선택한 캐릭터의 성격과 잘 어울리는 색채를 중심으로 4가지 다양한 배색으로 채색해 본다.

- 괄호 안에 선택한 캐릭터의 소재와 단어를 기재한다. 예 소심한 사자
- 아래 빈칸에 색상과 톤, 배색을 선택한 이유를 한두 문장으로 설명한다.

[유의사항]

- 색의 상징과 이미지를 고려하여 색상과 색채의 톤을 선택해 보자(한 가지 색상 내에서 톤의 차이를 두어 채색하는 것도 가능). 2~3개의 색을 배색하는 경우, 유사색, 보색, 반대색을 사용하여 배색해 볼 수 있다.

병맛, B급 토끼

쓰레기 봉투 특징을 살린 색과
캐릭터의 맹한 느낌을 주기
위해 흐리고, 탁하기도 한
녹색을 사용하였습니다.

우아한 토끼

부드럽고, 아기자기한 느낌을
주기 위해서
파스텔 느낌과 핑크톤의
색들을 주로 사용하였습니다.

소심한 토끼

우울하고, 처지는
느낌을 주기 위해서
탁하면서 연한 보라색을
사용하였습니다.

용감한 토끼

활발하고, 톡톡 튀는 듯한 느낌을 주고
싶었기 때문에 한눈에 띄는
빨강 파랑의 원색과 네온 옐로를
사용하였습니다.

학생 작품

B급, 병맛 사자

일반적인 사자의 색을 벗어나
배색하였고, 사자의 갈기가
브로콜리 같아서 초록으로 선정

소심한 사자

차갑고 고독한 느낌을 표현하기
위해 파란색 계열로 배색하였다.
옷은 공허함을 표현하고자
흰색을 선정

용감한 사자

열정적인 느낌을 표현하기 위해
망토에 빨간색을 넣었고,
전체적으로 따뜻한 톤들을
사용하였다.

우아한 사자

고급스러운 와인과 치즈의
색상을 조합하여 우아한
사자를 표현하였다.

학생 작품

사랑스러운 사자

사자를 떠올리는 옐로와
사랑스러운 핑크를 배색

시크한 사자

우중충한 느낌의 그레이를
선택하여 시크한 느낌

순한 사자

순한 이미지의 화이트와 약간의
블루를 섞어 양의 느낌

사나운 사자

강렬한 느낌의 레드로
잔뜩 화가 난 느낌

학생 작품

질감

질감은 물체나 이미지 표면의 성질로 촉각적 질감과 시각적 질감으로 구분된다. 촉각적 질감은 피부를 통해 직접 만져서 느끼는 질감이고, 시각적 질감은 눈으로 보고 느끼는 질감을 뜻한다. 시각 매체를 통해 보여지는 캐릭터의 경우 캐릭터의 정체성과 어울리는 질감을 시각적으로 표현하는 것이 중요하다. 캐릭터의 머리카락, 피부, 의상, 소품 등에 표현된 시각적 질감을 통해 사람들은 이전에 만져 보았던 친숙한 질감을 느낄 수 있다. 디지털 기술의 발전으로 다양한 시각적 질감 표현이 가능해짐에 따라 3D 애니메이션 속 캐릭터의 질감은 마치 현실 세계의 재질과 같이 느껴질 정도로 사실적이고 섬세하게 표현된다. '미니언즈'의 미니언 캐릭터의 경우 플라스틱 재질의 몸과 금속 재질의 안경이 사실적으로 묘사되어 있다. 캔(Can)과 동물(Animal)의 합성어인 '캐니멀(Canimal)' 캐릭터의 몸에서도 캔을 연상시키는 금속 질감이 표현되어 있다. '선물공룡 디보'의 캐릭터와 '몬스터 주식회사'의 설리, '마이펫의 이중생활'의 고양이 캐릭터 클로이에서는 털의 부드러운 촉감과 천의 재질감이 느껴진다. 지방 세포를 모티브로 한 지방이와 '인

미니언 캐릭터의 질감 표현

스누피 캐릭터의 질감 표현

사이드 아웃'의 캐릭터 슬픔의 몸은 고무와 같이 말랑말랑한 질감이 느껴지고, 우주에서 온 식물 종족인 '가디언즈 오브 갤럭시'의 그루트에게서는 단단하고 거친 질감이 전해진다.

단순한 선으로 표현되는 고전 만화 속 캐릭터의 경우 선의 종류와 두께의 변화 등에 따라 매끈하거나 거친 질감을 가진다. '도라에몽'의 캐릭터는 일정한 두께의 선을 사용하여 매끈한 질감을 주는 반면, '피너츠'의 캐릭터의 선에서는 거친 질감이 느껴진다.

고전 만화 속 2D 캐릭터를 3D 스타일로 바꾸어 재제작하는 경우 질감의 변화로 캐릭터 고유의 매력이 달라지는 경우가 있다. 펜 선이 매력적인 2D 스머프가 3D의 매끄러운 질감으로 표현되었을 때 낯설게 느껴지는 것에서 볼 수 있듯이 동일한 캐릭터라도 어떤 질감이 적용되었는지에 따라 다르게 느껴질 수 있다.

가독성이 중요한 이모티콘 캐릭터에는 검은색이나 어두운색으로 아웃라인이 적용된 경우가 많다. 라인이 있는 이모티콘은 채팅방과 캐릭터의 색이 명확히 분리되어 캐릭터의 형태가 잘 보이는 반면, 테두리 라인 없이

'개구쟁이 스머프'와
3D 애니메이션 '스머프'

면으로 이루어진 이모티콘은 채팅방의 배경색에 의해 형태가 잘 구분되어 보이지 않는다. 라인이 있는 이모티콘 캐릭터의 경우에도 브러시의 종류와 스타일에 따라 다양한 질감을 연출할 수 있으며, 각기 다른 감성을 보여 준다. 카카오프렌즈의 대표 캐릭터 라이언의 경우, 선의 두께와 색, 질감, 입체 효과 등에 따라 다양하게 표현되고 있으며, 몰랑이의 경우에도 매끈한 선으로 표현된 기본형과 크레용 질감으로 표현된 몰랑이가 출시되어 사용되고 있다.

브러시의 색과 스타일, 입체 효과 등에 따른 캐릭터의 다양한 질감(학생 작품)

하나의 캐릭터 다른 질감

실습 8

실습 7에서 채색한 캐릭터 중 한 가지를 선택하여 4가지 다른 질감으로 표현해 보자. 각 질감에 따라 캐릭터의 이미지가 어떻게 다르게 느껴지는지 생각해 보고 캐릭터의 성격과 가장 잘 어울리는 질감 표현은 무엇인지 선택해 보자. 한두 문장으로 자신의 생각을 정리하여 작성한다.

- 캐릭터에 일정한 두께의 선을 사용하여 매끈한 질감의 선으로 표현
- 거친 질감의 선으로 표현(예 크레용 느낌의 선 등)
- 선을 사용하지 않고 면으로 표현
- 음영을 주어 입체적인 면으로 표현

1 매끈한 선

2 거친 선

3 선 없이 면으로 표현

4 입체적으로 표현

우아한 토끼의 다양한 질감 표현(학생 작품)

- 가장 마음에 드는 표현: 4번. 입체적으로 표현
- 선택한 이유에 대한 자신의 생각: 입체적으로 표현했을 때 캐릭터가 안고 있는 소품을 선명하게 하여 더 눈에 띄고, 더 부드럽고, 폭신폭신한 질감을 눈에 띄게 표현해 낼 수 있었기에 입체적으로 표현한 질감이 가장 어울린다고 생각했습니다.

1 매끈한 선

2 거친 선

3 선 없이 면으로 표현

4 입체적으로 표현

소심한 사자의 다양한 질감 표현(학생 작품)

- 가장 마음에 드는 표현: 3번. 면으로 표현
- 선택한 이유에 대한 자신의 생각: 면으로 표현하자 선이 없어서 더 가벼워 보이고, 약해 보이면서 더 소심해 보이는 느낌이 든다고 생각했습니다.

3 캐릭터 표현 방법: 평면과 입체

캐릭터의 표현 방법은 평면적인 2차원의 2D 캐릭터와 입체적인 3차원의 3D 캐릭터로 구분된다. 인쇄매체와 영상매체에서 보여지는 캐릭터의 대부분은 평면적인 특성을 가진다. 2D 캐릭터는 깊이가 없는 *x*축과 *y*축으로 이루어진 평면 공간에 존재한다. 다양한 선의 표현이 가능하며 명암과 그림자 효과 등을 통해 입체 효과를 나타낼 수도 있다. 2D 캐릭터의 경우 다양한 상품으로 제작하는 것이 용이한데 만화 캐릭터로 탄생한 '아기공룡 둘리'도 애니메이션, 교육용 콘텐츠 등 다양한 상품으로 개발되었다.

3D 캐릭터는 *x*축과 *y*축이 교차하는 지점에서 *z*축의 깊이가 추가된 입체 공간에 존재한다. 디지털 기술의 발전으로 캐릭터 시장에서 3D 캐릭터의 비율이 점차 커지고 있다. 3D 캐릭터의 경우 사실적인 묘사로 몰입도를 높이고 시각적인 즐거움을 더해 준다. 카카오프렌즈 이모티콘과 메리츠화재의 걱정인형과 같이 하나의 캐릭터가 2D와 3D의 2가지 스타일로 제작되기도 한다. 동일한 캐릭터라도 평면적인지 입체적인지에 따라 다른 인상을 줄 수 있어 캐릭터의 일관된 정체성을 전달할 수 있도록 주의가 필요하다. 캐

야구볼 베어 히트와 농구볼 베어 너키의 2D와 3D 표현

릭터의 표현 방법은 평면과 입체 중에서 어떤 스타일로 표현할 때 더 캐릭터의 개성이 잘 나타나는지 판단하여 결정하는 것이 좋다.

디지털 환경이 변화함에 따라 수십 년간 대중의 사랑을 받아 온 캐릭터 중에서는 새로운 표현 기법을 받아들이고 변화를 시도하는 경우도 있다. '소닉 더 헤지호그' 게임 캐릭터 소닉은 세상에서 가장 빠른 고슴도치로, 현실에서 고슴도치가 느리게 움직이는 것과 다르게 날쌔고 재빠른 속도감을 가지고 있다. 게임 캐릭터로 탄생한 소닉은 게임기가 진화함에 따라 16비트 게임의 그래픽에서부터 다양한 평면과 입체로 표현되어 왔다. 1990년대 중반, 게임기 시장의 경쟁이 심화되면서 1998년 소닉은 3D게임(소닉 어드벤처)으로 탈바꿈하여 표현되었고 최근에는 '수퍼 소닉' 영화에서 실사로 표현되기도 하였다. 약 100년 전 영국 동화 속 캐릭터로 탄생한 '피터 래빗'은 2018년 실사 애니메이션으로 재탄생하였다.

평면과 입체로 표현된 소닉과 피터 래빗 캐릭터 사례

디지털 이미지를 크게 확대해 보면 아주 작은 사각형으로 구성되어 있다. 디지털 이미지를 구성하는 기본 단위인 사각형 형태의 점을 픽셀(pixel)이라고 한다. 과거 16비트 그래픽 환경에서는 모니터에서 구현할 수 있는 색상 수가 65,536개로 제한적이었기 때문에 캐릭터는 사각형의 픽셀 형태가 보이는 각진 테두리를 가졌다. 최근 레트로 열풍으로 1990년대의 가정용 콘솔 게임 속 캐릭터를 연상시키는 픽셀 그래픽 표현 기법이 다시 등장하였다. '싸이월드'의 미니미는 2D 픽셀 그래픽으로 나타냈다면 '마인크래프트'의 캐릭터는 픽셀 형태의 3D 그래픽 스타일로 표현되었다.

16비트 픽셀 그래픽으로 표현된 캐릭터

픽셀 그래픽으로 표현한 아바타 캐릭터(학생 작품)

4 캐릭터 포즈, 움직임, 사운드

캐릭터 포즈

캐릭터의 포즈는 자세와 팔 다리의 위치로 표현된다. 캐릭터 고유의 움직임 자세인 동세와 동작은 캐릭터의 성격과 개성을 잘 보여 주며 신체 비례에 따라 다르게 표현된다. 앵그리버드와 별의 커비와 같은 1등신 캐릭터의 경우 머리만 있거나 머리에 팔과 다리가 있는 형태로 신체의 많은 부분이 생략되어 움직임과 동작의 표현이 제한적이다. 뽀로로나 도라에몽과 같은 2등신의 캐릭터는 실제 사람에게는 있을 수 없는 체형으로 귀여운 인상을 주지만 신체 비례가 과장되어 있고 관절 등이 생략되어 동작이 제한적이며 단순

철웅이 캐릭터의 역동적인 동작 표현 사례

한 움직임을 가진다. 3등신의 캐릭터부터는 팔다리의 길이가 적당하여 대부분의 동작을 표현할 수 있다. 프로야구단 두산베어스의 캐릭터는 역동적인 동작 표현을 통해 강인함과 미래지향적인 이미지를 전달하며 구단의 정체성을 잘 보여 준다.

인체 표준 비례에 근접한 6~8등신의 캐릭터는 자유로운 동작 표현이 가능하고 사실적인 움직임을 가진다. 그러나 인체에 대한 이해가 부족한 경우 사실적인 동작과 움직임을 표현하는 데 어려움을 느낄 수 있으므로 관절의 위치를 이해하여 자연스러운 움직임을 표현하는 것이 중요하다. 사용자의 아바타 역할을 하는 게임 속 캐릭터의 경우, 사실적인 사람의 동작과 유사한 움직임을 통해 친근감을 느끼게 할 수 있다.

캐릭터의 몸짓은 실제 동물이나 사람의 몸짓보다 더 과장되게 표현되어 풍부한 감성을 전달한다. 캐릭터는 손, 팔, 다리, 몸, 얼굴, 머리 등의 신체 부위를 사용한 몸짓과 손짓을 통해 생각과 의도, 느낌을 전달한다. 얼굴 표정만으로 나타내기 힘든 미묘한 기분과 감정을 몸짓과 손짓을 함께 사용하면 더 정확하게 의미를 전달할 수 있다. 캐릭터의 포즈와 몸짓 표현을 위

스톱 모션 애니메이터 케빈 페리의 100가지 걷는 방법

해서는 만화나 애니메이션의 표현 기법이나 다양한 연령층의 실제 사람들의 모습을 관찰하는 습관을 기르는 것이 많은 도움이 된다. 노인의 경우 성인보다 몸이 굽은 형태로 표현할 수 있다. 스톱 모션 애니메이터 케빈 페리(Kevin Parry)가 보여 주는 100가지 다른 걸음걸이 영상에서는 다양한 감정과 성격, 직업을 가진 사람들의 자세와 걷는 동작을 관찰할 수 있다.

동물 캐릭터의 경우 귀나 꼬리를 사용하여 다양한 움직임을 표현할 수 있다. '마이펫의 이중생활'의 토끼 캐릭터인 스노우볼은 감정에 따라 귀의 움직임이 다르게 표현되며, 고양이 캐릭터인 클로이는 꼬리의 움직임을 통

예티와 로빈의 턴어라운드
(학생 작품)

서울여자대학교 캐릭터 슈리, 웬디, 유시의 응용 동작

해 다양한 감정을 전달한다. 실제 동물이나 사람의 몸짓보다 더 과장되게 표현되는 캐릭터의 몸짓을 통해 풍부한 감성을 전달할 수 있다.

캐릭터의 다양한 동작 표현을 위해서 캐릭터의 앞모습, 옆모습, 뒷모습을 미리 설정해 두는 것이 필요하다. 캐릭터 턴어라운드(turn around)는 이목구비의 위치와 몸의 방향 변화로 표현할 수 있다. 몸의 회전 방향에 따라 두상, 몸통의 두께 등이 자연스럽게 보일 수 있도록 표현하는 것이 중요하다.

캐릭터 움직임

캐릭터의 움직임은 캐릭터에 생명력을 더해 주고 사실감을 부여한다. 애니메이션이나 이모티콘 캐릭터의 움직임은 정지된 동작의 프레임을 연속해서 보여 주는 방식으로 구현된다. 자연스러운 캐릭터의 움직임을 만들기 위해서는 큰 동작 사이에 중간 동작을 넣어 주어 연결되어 보일 수 있도록 하는 것이 중요하다. 예를 들어 캐릭터가 고개를 숙여 인사하는 움직임을 만들기 위해서는 허리를 반쯤 구부린 중간 동작을 넣어 주어야 자연스러운 표현이 가능하다. 아래 그림에서 캐릭터가 인사하는 움직임의 프레임 수는 8개로 구성되어 있다. 캐릭터의 움직임은 중간 동작이 많을수록 자연스러워지나 카카오톡의 경우 움직이는 이모티콘의 프레임 수를 24개로 제한하고 있어 꼭 필요한 연결 동작을 중심으로 움직임을 표현하는 것이 좋다.

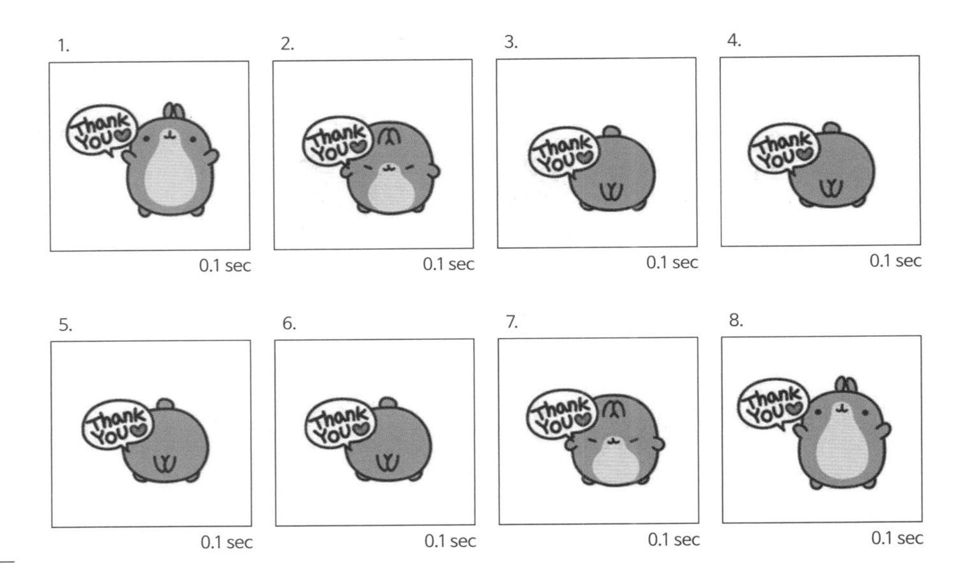

움직이는 이모티콘의 모션 프레임

이모티콘에서 움직임은 위치 이동, 회전, 스케일, 이벤트로 분류할 수 있다.[20] 위치 이동(movement)은 캐릭터의 이동 방향에 따라 수평, 수직으로 구분되며 걷기, 달리기, 점프하기 등과 같은 동작이 포함된다. 회전(rotate)은 캐릭터가 어느 한 축을 기준으로 움직이는 것으로, 시계방향 또는 반시계방향의 구르기, 흔들기 등의 동작으로 표현된다. 스케일(scale)은 캐릭터가 확

20 곽소정 · 권지은(2015). "모바일 소셜 네트워크 게임(SNG)의 캐릭터 디자인 분석". 한국컴퓨터게임학회 논문지. p. 133.

캐릭터 움직임의 방향

모션	방향		행위	감성/전달 메시지
수평	좌에서 우	→	달리기, 걷기	안정감, 평온함
	우에서 좌	←		냉철함, 확고함
수직	상에서 하	↓	점프하기, 주저앉기	안도감, 위태로움
	하에서 상	↑		상승, 열망, 권력, 박진감
사선	좌상에서 우하	↘	하강하기	경쾌함, 부드러움
	우상에서 좌하	↙		부자연스러움, 힘, 스피드
	좌하에서 우상	↗	상승하기	스피드, 박력, 건강함, 미래, 밝음, 역동적
	우하에서 좌상	↖		불안정, 저항, 정적, 경쾌함
앞뒤	앞에서 뒤		축소, 점점 사라지기	소외, 자신감 결여
	뒤에서 앞		확대, 점점 나타나기	강함, 과시적, 공포감
회전	시계방향	↻	구르기, 회전하기, 흔들기 등	순행
	반시계방향	↺		역행
방사	중앙에서 사방으로		사방으로 뻗어 나가기	집중

자료: 임윤아·권지은(2016). "감성 커뮤니케이션에 기반한 이모티콘 디자인 분석-모바일 SNS(Social Network Service)를 중심으로-". 기초조형학연구. p. 477을 저자가 재정리.

대되거나 축소되는 것으로, 뒤에서 앞으로 캐릭터가 점점 다가오거나, 앞에서 뒤로 캐릭터가 점점 사라지는 것으로 표현할 수 있다. 이벤트(event)는 캐릭터 주변으로 꽃가루 등이 흩날리는 것과 같은 특정 행위로 표현된다. 캐릭터의 움직임은 모션 방향에 따라 안정감, 긴장감, 경쾌함, 역동성 등의 서로 다른 메시지를 전달하기 때문에 캐릭터의 성격과 상황에 맞는 방향으로 설정하는 것이 필요하다. 수평은 좌우 방향으로 움직이는 것으로 안정적이고, 수직은 상하 방향으로 움직이는 것으로 극적인 효과를 나타내며, 사선 방향의 움직임은 긴장감과 역동성을 표현할 수 있다. 캐릭터가 앞에서 뒤로 축소되는 움직임을 보이면 소외 또는 자신감이 부족해 보이고, 뒤에서 앞으로 확대되는 움직임을 보이면 강하고 과시하는 것처럼 보인다. 중심에서 방사형으로 움직이는 동작은 주목성을 높이고 집중하도록 만든다.

캐릭터 사운드

메라비언의 법칙(the law of Mehrabian)에 따르면 의사소통에서 언어를 제외한 청각과 시각을 통한 메시지의 전달이 38%와 55%의 비율로 전체의 93%를 차지한다고 한다.[21] 캐릭터의 독특한 음색과 억양, 말의 속도 등은 캐릭터에 개성을 더해 준다. 펭수와 같이 캐릭터가 고유의 언어나 사투리, 유행어 등을 사용하면 재미를 더할 수 있다. 캐릭터 성격에 따라 또박또박하게 말할 수도 있고, 청아한 음색 혹은 허스키한 음색으로 설정할 수도 있다. 메신저 화면에서 이모티콘 캐릭터가 고개를 끄덕이거나 갸우뚱하게 기울이는 행동 등을 통해 우리는 문자 없이도 상대방의 생각과 심리를 파악할 수 있다. 캐릭터의 움직임에 고유의 목소리, 효과음, 배경 음악 등과 같은 사운드 요소가 더해지면 캐릭터와 실제 함께 있는 것 같은 생생함을 극대화할 수 있다. 카카오톡의 경우, 이모티콘에 모션 요소를 적용한 '애니콘'에 사운드

---

21 네이버 지식백과(https://terms.naver.com/entry.naver?docId=1233745&cid=40942&categoryId=31611)

요소를 추가한 '사운드콘'을 출시하여 캐릭터를 통한 새로운 경험을 제공하고 있다. 캐릭터의 움직임에 효과음, 배경음이 함께 사용되면 상황을 보다 실감나게 전달할 수 있다. 또한 게임 분야에서는 게임 도중 특정한 기능에 대한 정보를 제공하기 위한 목적으로 사운드를 사용하기도 한다.

실습 9

턴어라운드 및 다양한 동작

STEP 1

캐릭터가 여러 동작을 취할 것을 고려하여 캐릭터의 여러 방향을 미리 설정해 두지 않으면 앞모습과 옆모습이 전혀 다른 캐릭터처럼 보일 수 있다. 지난 실습 과제에서 그려 보았던 캐릭터 중 한 가지를 선택하여 실습지의 가이드선 위에 앞모습, 옆모습, 뒷모습을 그려 완성해 보자.

- 캐릭터의 나이, 성별, 성격 등을 고려하여 신체의 비율과 체형, 자세, 옷차림 등을 결정한다.
- 기본 형태를 먼저 그린 후에 눈, 코, 입 등의 위치와 몸의 방향을 변화시켜 옆모습, 뒷모습을 그려 본다.

- 캐릭터 이름:
- 캐릭터 나이, 성별, 성격, 특징 등을 작성해 보세요.

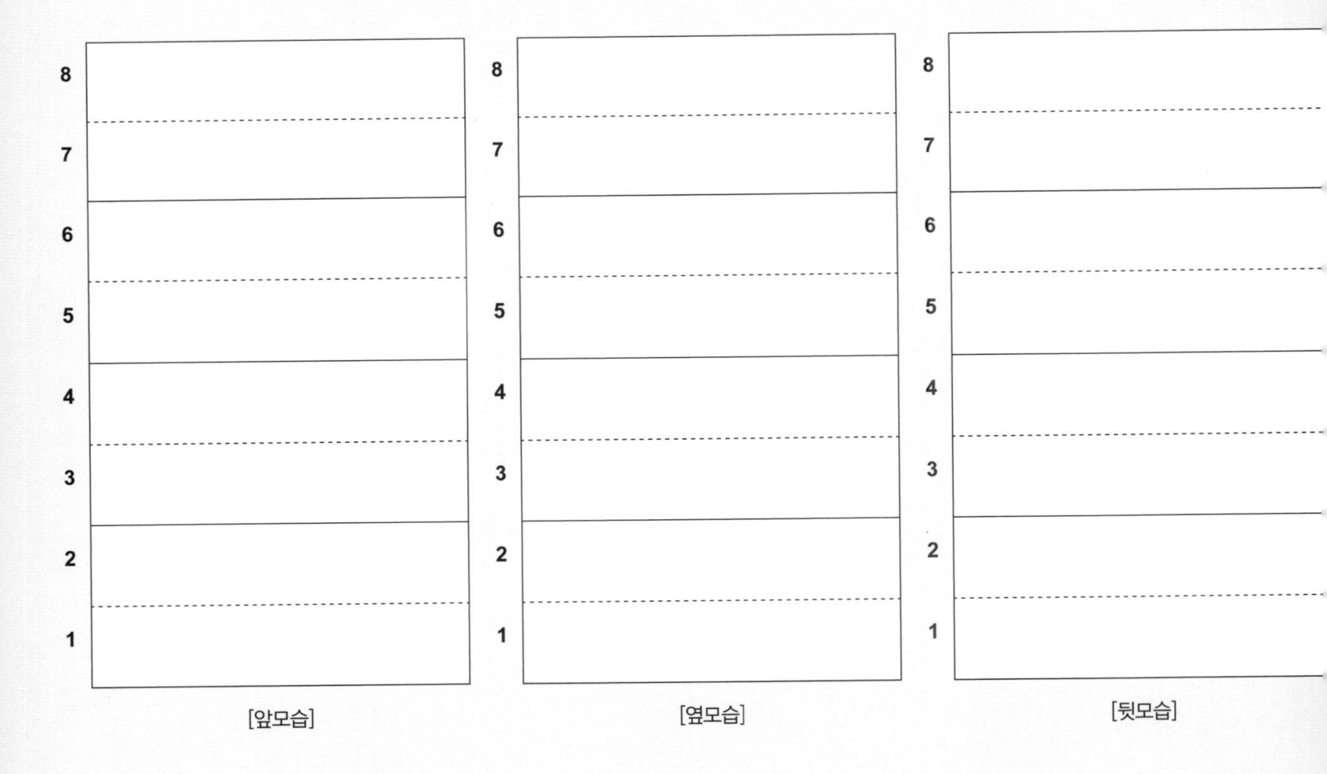

STEP 2

전 단계에서 그린 캐릭터의 성격과 특징에 어울리는 다양한 표정과 동작을 최소 10가지 이상 스케치해 본다.

STEP 3

캐릭터의 성격을 가장 잘 표현하는 동작 3가지를 선택한 후 어울리는 표정과 색채로 채색하여 완성한다. 각 캐릭터 하단에 어떤 감정과 상황을 표현하였는지 기재하여 함께 제출한다. (채색 도구는 자유롭게 선택 가능, 컴퓨터 작업도 가능)

학생 작품 예시

캐릭터 이름: 치치

STEP 1

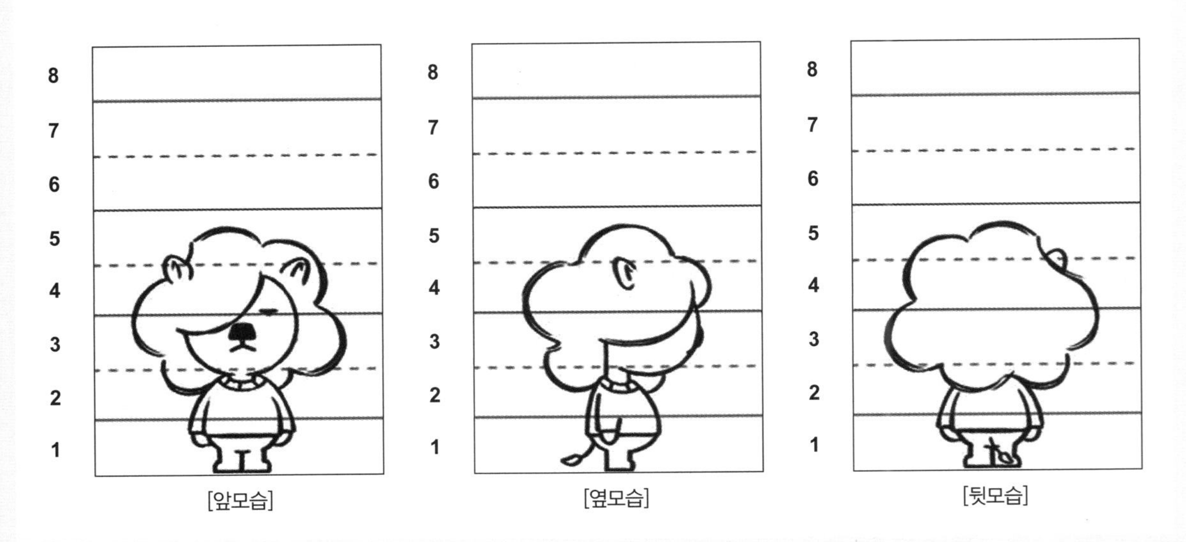

STEP 2

STEP 3

(귀찮아서 널부러짐) (무서워서 굳어버림) (4차원적인 행동을 함)

- 캐릭터 성격 및 특징: 소심하지만 주위를 크게 신경 쓰지 않고 혼자 4차원적인 생각과 행동을 많이 하고 겁이 많다. 귀차니즘이 심하다.

5 캐릭터 감정 표현

캐릭터는 표정, 몸짓, 보조 그래픽 요소 등을 통하여 만화, 애니메이션, 게임, SNS 등에서 다양한 상황과 감정을 표현할 수 있다. 캐릭터의 감정 표현은 주로 사람들의 감정 표현을 모방하며 좀 더 단순화되거나 과장되어 표현되는 경우가 많다. 만화나 애니메이션에서 전통적으로 사용되어 오던 그래픽 표현 방식 외에도 사람들이 사용하는 유행어 등에 기반하여 캐릭터 디자이너들의 신선한 아이디어가 들어간 새로운 표현도 많이 등장한다.

- **도상적인 표현(표정, 몸짓)** 도상적인 표현은 모양이나 형태에 근거한 표현이다. 캐릭터의 몸짓과 표정 등의 도상적 표현은 대부분 실제로 사람이 감정을 표현할 때 짓는 표정이나 몸짓을 묘사하여 캐릭터의 형태에 맞추어 반영하게 된다. 캐릭터는 이목구비가 다 있지 않거나 신체 비율이 과장되어 있는 경우가 많으므로 캐릭터가 가진 형태에 맞게 변형하여 반영하는 경우가 많다.
- **상징적인 표현(보조 그래픽 요소, 문자)** 상징적 표현은 사회나 공동체의 약속에 근거한다. 폭죽이 터지는 모양, CHU라는 문자 등은 축하 혹은 애정을 표현한다. 이러한 상징적 표현은 온라인 커뮤니티, 만화, 이모티콘 등에서 자주 보거나 쓰면서 의미를 체득하게 된다. 헐, OMG, 영혼 없음, ㅠㅠ, 어쩔티비 등등 새로운 언어가 더해지면 더욱 트렌디하고 풍부한 감정 표현이 가능하다.

표정

캐릭터의 표정은 감정을 표현하는 기본적인 수단이다. 표정은 눈 · 코 · 입의 모양과 그 조합으로 만들어지며 다양한 감정을 표현할 수 있다. 이모티콘이나 웹툰, 애니메이션 캐릭터의 경우 기본형을 그려 낸 후, 캐릭터의 설정을 해치지 않는 내에서 다양하게 변화를 줄 수 있다.

캐릭터의 눈과 입 모양에 따른 감정 표현

항목	기호	감정
눈		게으름, 나약, 느림, 무표정, 졸음, 평범
		극단, 과격, 사나움, 울화, 화남, 짜증
		낙담, 비애, 소심, 슬픔, 연민, 연약, 우울, 의기소침, 외로움, 피곤
		기쁨, 명랑, 미소, 여유, 웃음, 유쾌, 즐거움, 행복, 희망
		감상, 명상, 안심, 졸음, 평안
입		고집, 결심, 답답함, 무관심, 무표정, 평범
		미움, 심통, 우울, 질투, 화남, 짜증
		기쁨, 미소, 사랑, 웃음, 즐거움, 충만함, 행복

자료: 전재혁·박경철(2005). 만화, 애니메이션, 캐릭터, 영상 기호론. 도서출판만남. p. 194.

서울여자대학교 캐릭터 슈리, 웬디, 유시의 다양한 표정

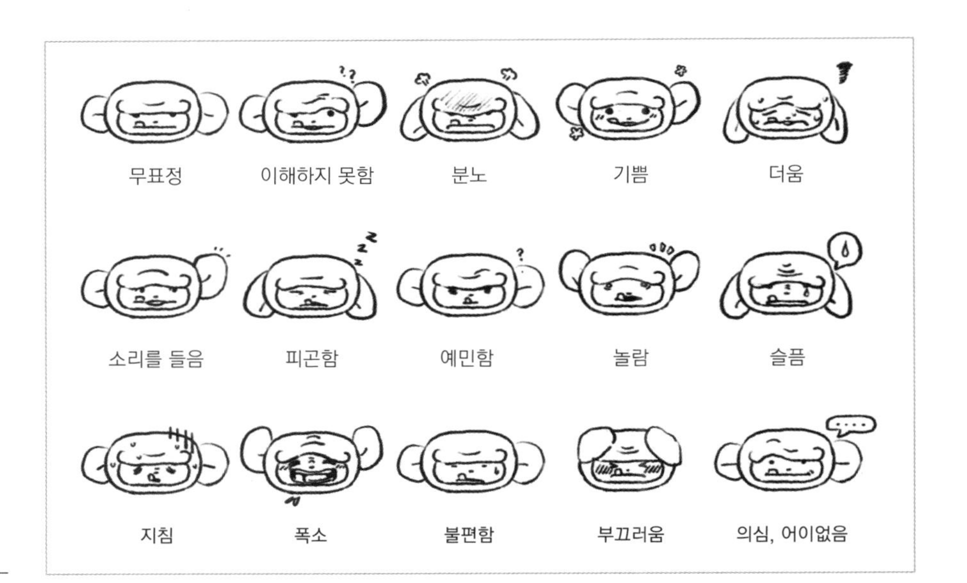

예티의 다양한 얼굴 표현
(학생 작품)

찰리의 다양한 얼굴 표현
(학생 작품)

몸짓

캐릭터의 몸짓으로 표현된 감정은 사람들의 공통적인 몸짓 언어에 기반하는 경우가 대부분이기 때문에 서로 다른 문화 배경을 가진 사람들이나 다양한 연령층에서 더 널리 공감받을 수 있다. 기존의 만화나 애니메이션의 표현 기법을 관찰하거나 다양한 연령층의 실제 사람들의 모습을 관찰하여 재미있는 몸짓을 묘사할 수 있다. 캐릭터의 몸짓은 그래픽을 통해 표현하기 때문에 동물이나 사람의 실제 몸짓보다 더 과장되게 표현하여 더욱 풍부한 감정을 전달할 수 있다.

몸을 안쪽에서 바깥쪽으로 활짝 펴거나 하늘을 향해 뻗는 모양과 같이 외부로 확장된 몸짓은 기쁨, 즐거움, 놀람, 발산과 관련된 감정을 표현할 수 있다. 바깥쪽에서 안쪽으로 웅크리거나 땅을 향해 축 처져 있는 모양과 같이 내부로 수축된 몸짓은 우울함, 슬픔, 위축과 같이 부정적인 감정과 관련이 있다. 분노와 긴장과 같은 감정은 위쪽과 아래쪽 모두 힘을 주는 동작으로서 등을 세우거나 주먹을 강하게 쥐는 것과 같은 몸짓으로 표현할 수 있다. 대칭적인 동작은 안정적이고 정적인 인상을 주고, 비대칭적인 동작은 사선의 움직임을 만들어 내어 역동적이고 불안정한 느낌과 긴장감을 준다. 팔과 손의 동작은 캐릭터의 감정과 메시지 전달을 위해 가장 많이 사용된다.

감정	기쁨, 즐거움	슬픔	분노
캐릭터 표현 사례			
힘의 방향	↑ 땅에서 살짝 떠 있는 듯한 느낌	↓ 힘이 빠져 땅에 가까워지는 느낌	힘을 땅으로 내던지는 느낌

별사탕 토끼 퐁퐁의 기쁨/즐거움, 슬픔, 분노의 몸짓(학생 작품)

캐릭터 형, 기본형의 등신, 팔다리의 위치와 길이 등에 따라 표현할 수 있는 몸짓의 범위가 달라진다. 캐릭터의 활용 용도에 따라 신중하게 캐릭터 기본형 그래픽을 그려야 한다. 이 외에 캐릭터 신체와 관련하여 머리카락이

쭈뼛 서는 것, 살랑살랑 나부끼는 것 등의 표현으로도 캐릭터의 감정을 나타낼 수 있다.

보조 그래픽

카카오프렌즈의 라이언처럼 이목구비 요소의 모양과 위치의 변화 없이도 다양한 감정을 전달하는 캐릭터가 있다. 그래픽으로 표현되는 캐릭터의 특징상 사랑, 놀람, 축하 등의 감정과 상황을 볼의 홍조나 땀방울, 주름, 선, 각종 도형 등의 요소를 추가하여 더욱 선명하게 혹은 과장되게 표현할 수 있다. 간단한 텍스트를 추가하여 캐릭터의 대사를 전달하거나 감정을 표현하기도 한다.

보조 그래픽을 사용한 무지와 콘 이모티콘 사례

보조 그래픽을 사용한 나눔이와 이음이 이모티콘 디자인

6가지 감정 표현하기

실습 10

STEP 1

실습지의 가이드 선 위에서 다양한 얼굴형과 이목구비(눈, 코, 입, 귀)의 조합을 통해 인간의 6가지 기본 감정(기쁨, 슬픔, 놀람, 분노, 두려움, 혐오/까칠)을 표현해 본다. (주름, 점, 안경, 보조 그래픽 등 사용 가능)

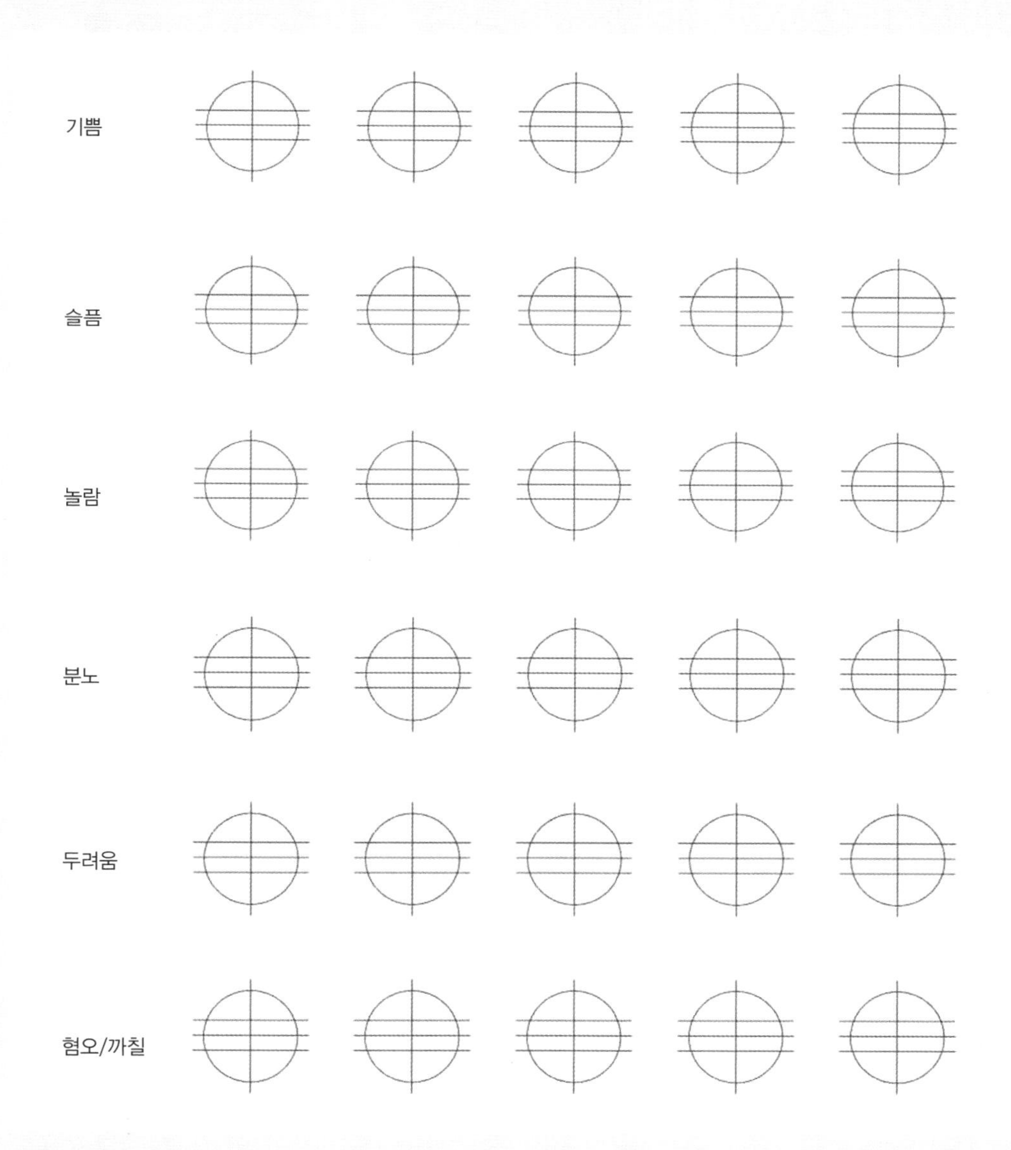

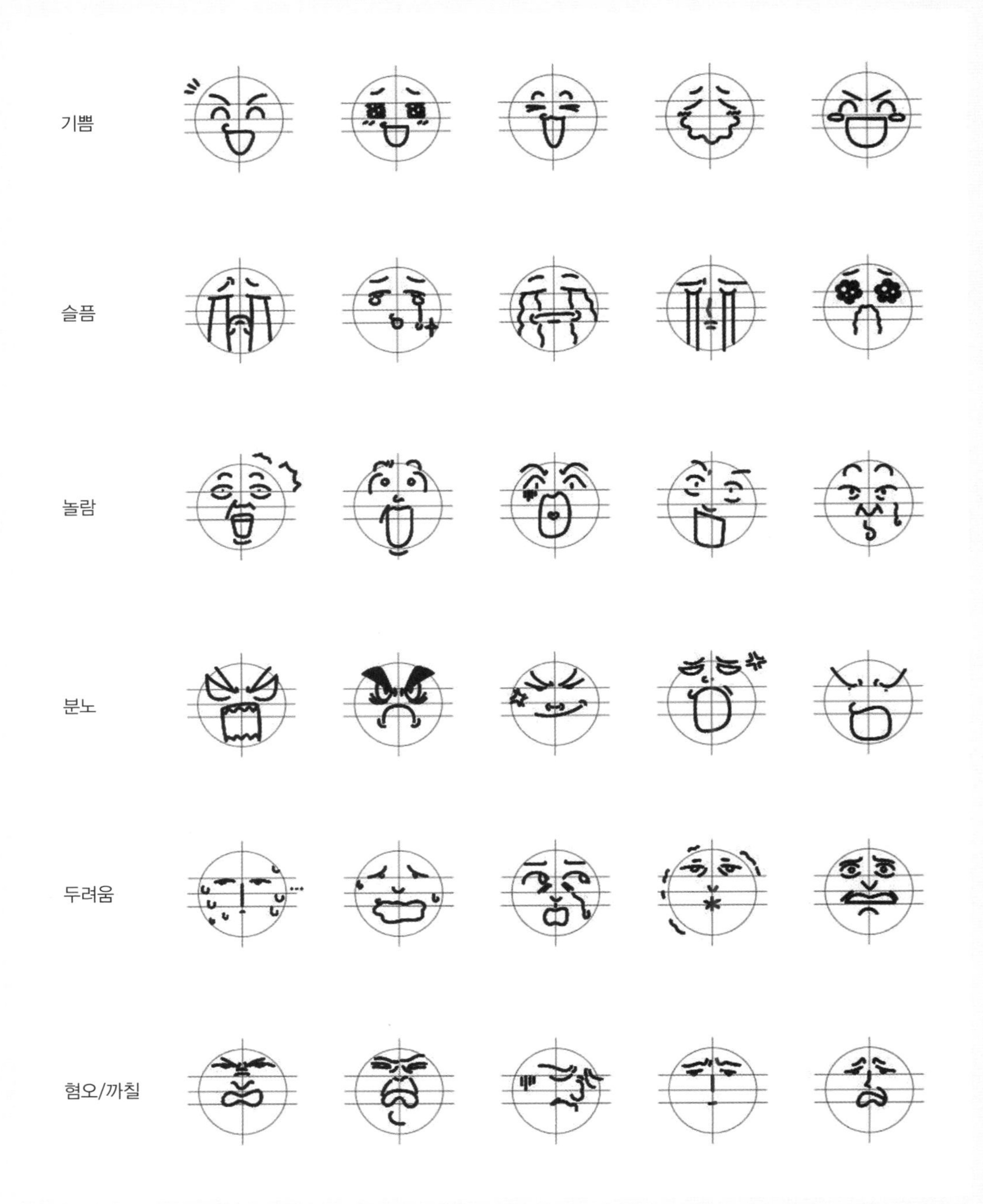

학생 작품

학생 작품

STEP 2

한 감정당 최소 5개의 서로 다른 스케치를 그려 본 후, 감정을 가장 효과적으로 표현한 사례를 각 한 가지씩 선택하고 채색하여 완성해 본다. (총 6가지, 채색 도구 자유, 컴퓨터 작업 가능)

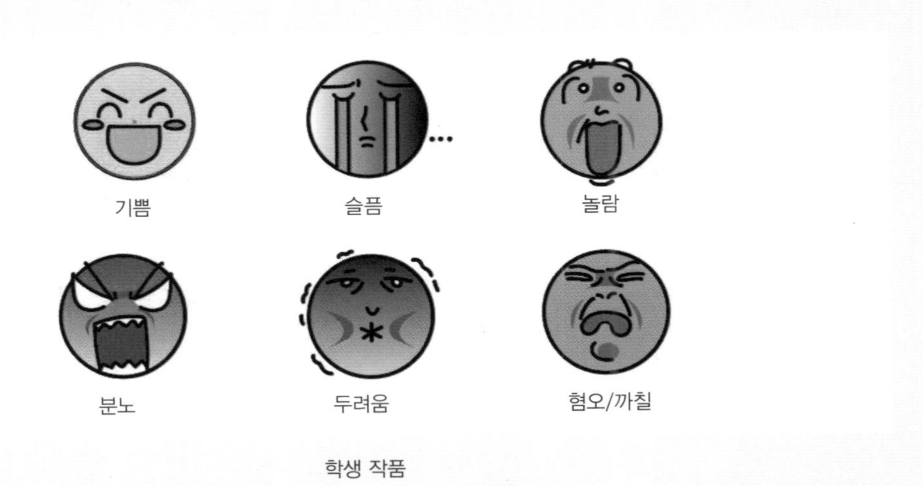

학생 작품

학생 작품

캐릭터 배경 일러스트 6

캐릭터는 스토리와 어울리는 다양한 테마의 배경과 함께 사용되기도 한다. 일상의 다양한 배경 속 캐릭터는 소비자에게 친근한 인상을 주고, 여러 테마로 캐릭터에 변화를 주면 지루하지 않고 신선하게 다가갈 수 있다. 배경은 캐릭터의 상황을 설명해 주는 역할을 하며 이야기를 더 풍부하게 보이도록 하여 몰입도를 높인다. 캐릭터 배경은 캐릭터의 정체성을 잘 드러내는 소품을 활용하여 패턴으로 제작하기도 하고, 기하학적인 무늬를 배경에 담아 다양한 분위기를 연출할 수도 있다. 계절을 주제로 배경을 제작하거나 크리스마스, 명절, 핼러윈, 졸업 등과 같이 특별한 시즌을 위해 배경 일러스트를 만들기도 한다. 자연이나 과일, 디저트, 피크닉 등 일상을 소재로 배경을 제작하는 경우, 시즌별 제약 없이 다양한 상품에 적용하여 판매할 수 있어 활용성이 높다는 장점을 가진다. 캐릭터 배경 일러스트는 캐릭터의 일관성 유지를 위해 캐릭터 고유의 아이덴티티와 세계관에 부합하도록 제작하는 것이 중요하다.

주제별 다양한 캐릭터 배경 일러스트 사례

패턴 배경 일러스트 사례

계절을 주제로 한 캐릭터 배경 일러스트 사례

특별 시즌을 위한 캐릭터 배경 일러스트 사례

다양한 캐릭터 배경 일러스트는 스마트폰 배경화면, 편지지, 노트, 메모 등의 문구, 포장지 등의 상품에 활용될 수 있다. 카카오톡의 경우 채팅방의 설정에서 카카오프렌즈 캐릭터 일러스트 배경 이미지를 무료로 다운받을 수 있도록 제공하고 있다. 캐릭터 배경 이미지 제작 시에는 타깃층을 고려하여 소재와 색상을 설정하고, 배경을 지나치게 구체적으로 묘사하기보다는 단순한 배경색 위에 콘셉트에 어울리는 소품을 배치하는 방식으로 표현하는 것이 다양한 매체에서 활용도가 높다.

7 캐릭터 로고

캐릭터 로고는 하나의 캐릭터, 여러 캐릭터가 포함된 캐릭터 그룹, 캐릭터 콘텐츠 등의 이름 혹은 제목의 문자를 캐릭터의 이미지에 맞게 디자인한 것을 말한다. 캐릭터 로고는 브랜드의 로고와 마찬가지로 캐릭터의 아이덴티티를 시각적으로 커뮤니케이션하는 기본적인 요소이다. 캐릭터가 브랜드화되면서 캐릭터 로고 또한 캐릭터 브랜드의 일부로서 중요해지고 있다. 캐릭터 로고는 캐릭터의 그래픽 스타일, 컬러, 형태, 이미지 등을 반영하여 디자인하는 경우와 광범위하게 사용하기 편하도록 단순한 형태로 디자인하는 경우가 있다.

로고 디자인 시 유의할 점

- 개별 캐릭터의 경우는 캐릭터의 이미지를 잘 나타낼 수 있는 형태와 컬러를 사용하며, 여러 캐릭터가 속한 캐릭터 브랜드의 경우는 가독성이 높고 포용력 있는 비교적 단순한 스타일의 로고로 디자인하는 경우가 많다.
- 배경 이미지와 함께 쓰일 경우 눈에 잘 띄고 잘 읽히도록 하기 위하여 배경 도형, 테두리 등을 적용한다.
- 다양한 매체에서 다양한 크기로 사용될 수 있음을 고려하여 해상도, 컬러 표현 방식, 크기 제한 등의 기준을 세운다.

캐릭터의 조형적 특징이 반영된 Tommy and Jonny 캐릭터 로고(학생 작품)

웹툰 Flippers Club의 글자 중심 로고(학생 작품)

CHAPTER

캐릭터 디자인은 어떻게 시작해야 할까?

캐릭터 디자인은 어떻게 시작해야 할까?

1 캐릭터 디자인 프로세스

캐릭터 디자인 프로세스는 기획, 디자인, 평가, 저작권 등록, 상품화 단계로 진행된다.

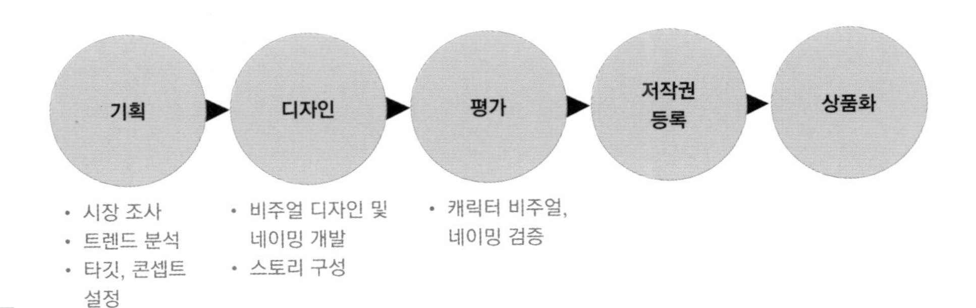

캐릭터 디자인 프로세스

기획

• 시장 조사 • 트렌드 분석 • 타깃 설정 • 콘셉트 설정

캐릭터의 목적에 맞게 시장 조사와 트렌드 동향 등의 분석을 통해 캐릭터의 타깃(target)과 콘셉트(concept)를 설정한다. 타깃은 세분화하여 설정하는 것이 효과적이며, 타깃의 입장에서 호감을 가질 수 있도록 캐릭터의 스토리와 대상을 설정하는 것이 중요하다. 예를 들어 어린이를 타깃으로 설정하였다면, 타깃과 공감대를 형성할 수 있도록 어린이의 눈높이에서 생각하려는 자세가 필요하며, 기존 캐릭터의 소재와 차별화된 캐릭터를 설정하는 것이 좋다. 뽀로로의 경우 철저한 시장 분석을 통해 2~5세를 대상으로 한 유아용 애니메이션 콘텐츠가 부족하다는 것을 발견하고 타깃을 2~5세 유아로 세분화하여 성공할 수 있었다. 어른의 관점에서 어린이가 좋아할 만한 캐릭터를 개발하는 것이 아니라 어린이의 눈높이에서 어린이들이 호감을 가질 수 있도록 캐릭터의 콘셉트를 설정한 것이다. 교육과 교훈을 강조하던 에듀테인먼트의 기존 방식에서 벗어나 뽀로로를 통해 아이들이 스스로 배우고 자연스럽게 학습할 수 있도록 스토리를 구성하여 성공할 수 있었다.[22] 캐릭터의 성공을 위해서는 기획 단계에서 타깃을 세분화하고 향후 2차적인 콘텐츠 제작을 염두에 두고 기획 방향을 설정하는 것이 효과적이다.

디자인

• 비주얼 디자인 • 네이밍 • 스토리 구성

기획 단계에서 설정한 콘셉트에 맞게 캐릭터의 비주얼과 네이밍, 스토리 등을 결정하는 단계이다. 비주얼 파트에서는 다양한 아이디어 스케치를 통해 캐릭터의 형태, 신체 비율, 색채 등 시각적인 콘셉트를 구체화하고 캐릭터

22 한국콘텐츠진흥원(2012). 2011 캐릭터 산업백서. p. 351.

시안 작업을 통해 최종 캐릭터 비주얼을 개발한다. 캐릭터의 비주얼 제작 시 타깃을 고려하여 디자인하는 것이 중요하다. 예를 들어 유아를 타깃으로 개발한 뽀로로 캐릭터들의 경우 채도가 높은 원색 계열의 색채를 사용하고, 2등신의 비율로 제작하여 타깃과 공감대를 형성할 수 있었다. 또한 뽀로로가 마치 시청자에게 말하고 행동하는 것처럼 정면을 바라보도록 하여 어린이들과 정서적 친밀감을 가질 수 있도록 하였다.

네이밍 파트는 캐릭터 개발 콘셉트와 비주얼을 고려하여 캐릭터의 네이밍, 프로필, 스토리를 구성한다. 캐릭터 네이밍은 캐릭터의 브랜드 구축을 위한 필수 요소로서 캐릭터의 성격과 스타일에 맞게 개발하는 것이 필요하다. 신한은행 마스코트인 '신이'는 빛나는 꿈과 새 희망을 주는 믿음직하고 이로운 요정이고, '한이'는 사람들을 하나로 융합하는 사랑스러운 요정으로 신한은행의 로고가 그려진 옷을 입고 있다. 신이와 한이와 같이 브랜드 고유명사를 활용하여 캐릭터 네이밍을 할 수 있다. 이 외에도 '캐니멀(Can+Animal)'과 같이 특정 단어를 조합하여 만드는 방법, 이미지의 느낌에 따라 네이밍하는 방법 등이 있다. 네이밍 개발 과정에서 상표등록을 위해 기존 상표권을 침해하지 않도록 중복되는 명칭이 있는지 검색한 후 진행하는 것이 필요하다. 상표권 등록 여부는 특허정보넷 키프리스(www.kipris.or.kr)에서 검색할 수 있다. 외래어를 사용하는 경우 해외에서 금기시되고 있는 표현은 없는지 확인하는 과정을 함께 진행한다. 상표권은 다른 사람의 상품과 구별되기 위하여 사용되며, 상품 생산자가 해당 상품을 독점적으로 사용 가능한 권한이다. 상품권의 존속기간은 상표권 등록일로부터 10년이며, 10년마다 갱신할 수 있다.

평가

평가 단계에서는 초기에 기획한 콘셉트 방향에 맞게 캐릭터의 비주얼과 네이밍이 결정되었는지 검증한다.

저작권 등록

최종 완성한 캐릭터의 비주얼 디자인은 저작권으로 보호받을 수 있다. 저작권은 저작권자의 창작물에 관한 독점적 권리이다. 캐릭터의 저작권 등록을 위해서는 한국저작권위원회 웹사이트(www.copyright.or.kr)에 방문하여 캐릭터의 정면, 측면, 후면을 그린 표준 그림을 업로드하여 신청할 수 있다. 일반 저작물 등록 메뉴에서 미술저작물, 응용미술, 캐릭터를 순차적으로 선택한 후 자신이 개발한 캐릭터의 외형적 특징에 대해 상세히 기재한 후 제출해야 한다. 캐릭터의 용도에 따라 상표 등록 또는 디자인 등록을 같이 하는 것이 더 안전하다. 상표 등록과 디자인 등록 업무는 특허청에서 진행할 수 있다.

상품화

캐릭터 네이밍의 상표권 및 외형적 디자인의 저작권 등록을 마친 캐릭터는

캐릭터 상품화 사례

문구, 패션잡화, 생활용품, 이모티콘 등 다양한 상품에 적용하여 판매한다. 캐릭터 라이선스 계약은 캐릭터의 저작권 및 상표권 소유자 외의 타인이 해당 캐릭터를 사용하는 것의 범위와 비용 등에 관하여 계약하는 것을 말하며, 이것을 문서로 작성하여 기록한 것이 캐릭터 라이선스 계약서이다.

2 캐릭터 디자인 제작 도구

캐릭터 디자인 제작을 위해서는 어떤 그래픽 프로그램을 사용해야 할까? 캐릭터는 표현 방법에 따라 2D/3D 컴퓨터 그래픽 프로그램과 태블릿 프로그램, 스톱 모션 애니메이션 제작 프로그램을 사용한다. 캐릭터 제작에 자주 사용하는 그래픽 프로그램의 종류와 특징은 다음과 같다.

2D 캐릭터 제작을 위한 어도비(Adobe) 프로그램

- 포토샵(Photoshop)
- 일러스트레이터(Illustrator)
- 애니메이트(Animate, 구 플래시)
- 애프터 이펙트(After Effects)
- 캐릭터 애니메이터(Character Animator)

지원 기기 PC
운영체제 Windows, Mac OS
비용 유료
홈페이지 https://www.adobe.com/kr
특이사항 – 2D 캐릭터 디자인에는 포토샵과 일러스트레이터를 많이 사용한다.
– 포토샵의 타임라인 기능을 사용하면 움직이는 이모티콘 제작이 가능하다.

– 애니메이트로 제작한 애니메이션은 데스크톱, 모바일, TV 등의 플랫폼으로 전달할 수 있다.
– Adobe Creative Cloud에 포함된 캐릭터 애니메이터는 음성 인식 기능을 제공하며 움직임, 표정을 캡처하여 자연스럽고 생동감 있는 표현이 가능하다.
– 어도비 프로그램들은 서로 호환이 되어 작업 시 유용하다. 예를 들어 어도비 포토샵, 일러스트레이터에서 제작한 캐릭터 파일을 애니메이터에 가져와서 작업을 이어 갈 수 있다.

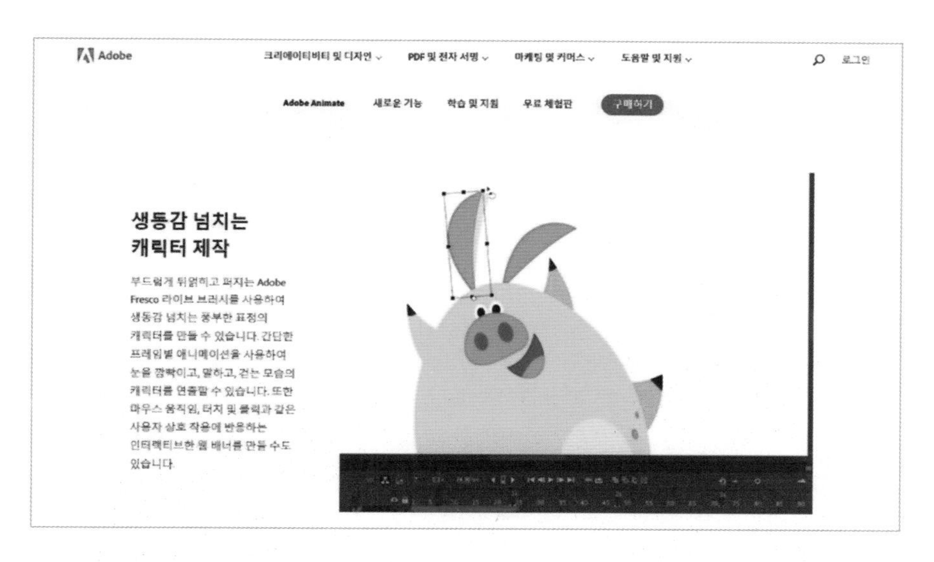

어도비 애니메이트 홈페이지

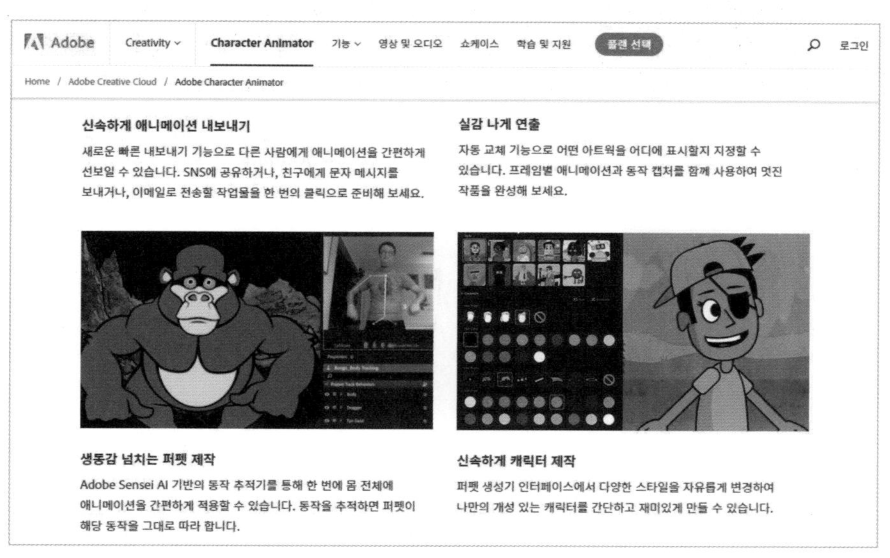

어도비 캐릭터 애니메이터 홈페이지

태블릿을 사용하는 캐릭터 드로잉 프로그램

① 프로크리에이트(Procreate)

지원 기기 애플 펜슬 사용이 가능한 아이패드

운영체제 iOS

비용 유료

홈페이지 https://procreate.art

특이사항 – 다양한 브러시를 다운받아서 설치할 수 있다.
– CMYK 컬러 모드는 지원하지 않는다.

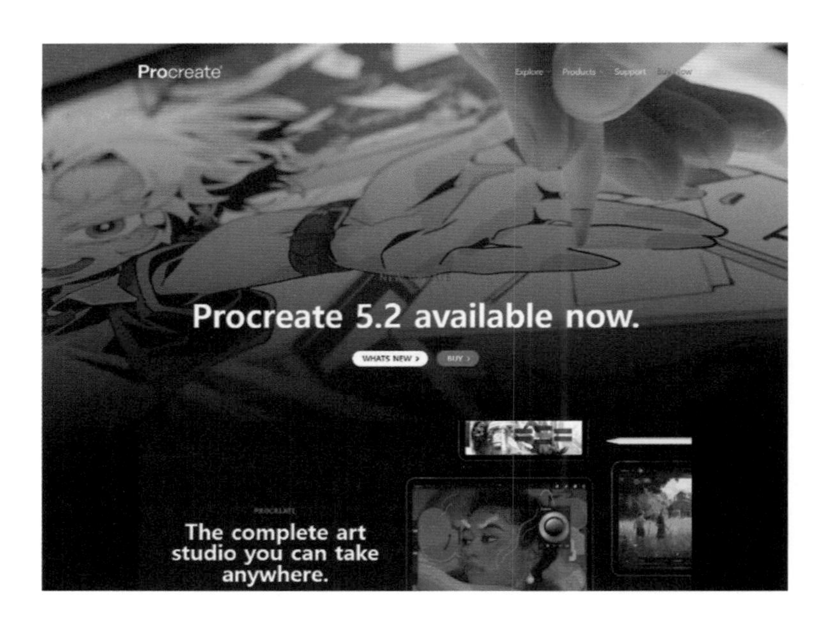

프로크리에이트 홈페이지

② 메디방 페인트(MediBang Paint)

지원 기기 PC, 아이패드, 스마트폰(아이폰, 갤럭시)

운영체제 Windows, Mac OS, iOS, Android

비용 무료

홈페이지 https://medibangpaint.com/ko

특이사항 – 컷 나누기와 빗금, 특수효과(말풍선, 집중선 등) 툴을 제공한다.
– 다양한 브러시를 다운받아서 설치할 수 있다.
– CMYK 컬러 모드는 지원하지 않는다.

③ 클립 스튜디오 페인트(Clip Studio Paint)

지원 기기 PC, 아이패드, 스마트폰(아이폰, 갤럭시), 크롬북(Chromebook)

운영체제 Windows, Mac OS, iOS, Android, Chrome OS

비용 유료

홈페이지 https://clipstudio.net/kr

특이사항
- 종이에 펜으로 그리듯이 필압을 조절하며 자연스럽고 섬세한 표현이 가능하다.
- 일러스트, 웹툰 제작 기능을 포함한다.
- PC와 태블릿, 스마트폰 등 여러 기기에서 사용 가능하다.

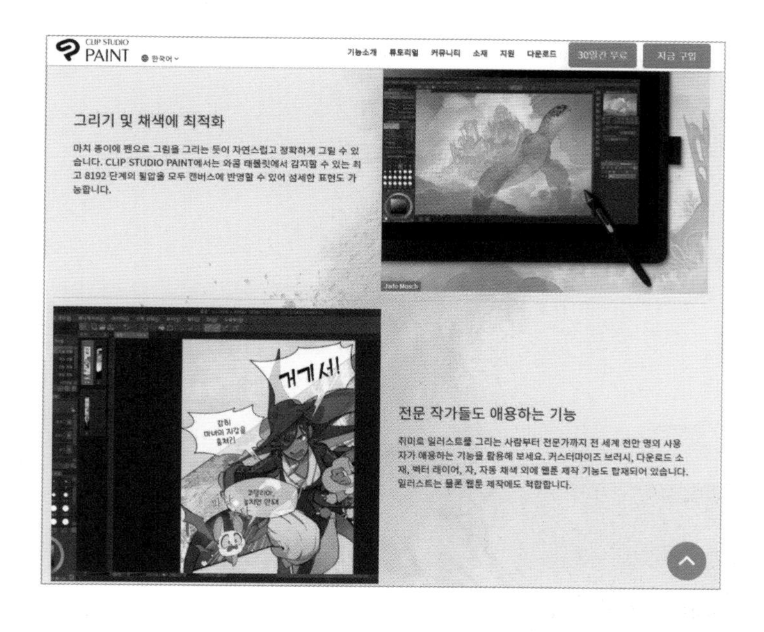

클립 스튜디오 홈페이지

④ 사이툴(PaintTool SAI)

지원 기기 PC

운영체제 Windows

비용 유료

홈페이지 https://www.systemax.jp/en/sai

특이사항
- 손 떨림 보정 기능과 필압 설정 기능이 있다.
- 용량이 가벼워 사양이 낮은 컴퓨터에서도 사용이 가능하다.

3D 캐릭터 제작에 사용하는 프로그램

① 지브러시(ZBrush)

지원 기기 PC, 태블릿, 아이패드

운영체제 Windows, Mac OS

비용 유료

홈페이지 https://pixologic.com

특이사항
- 3D 프린터를 활용한 캐릭터 제작 및 3D 모델링에 특화되었다.
- 게임, 영상, 애니메이션 분야에서 정교하고 높은 퀄리티의 캐릭터 작업이 가능하다.
- 인터페이스가 직관적이고 실제 손으로 조형하듯이 자유로운 모델링이 가능하다.

② 블렌더(Blender)

지원 기기 PC

운영체제 Windows, Mac OS, Linux

비용 무료

홈페이지 https://www.blender.org

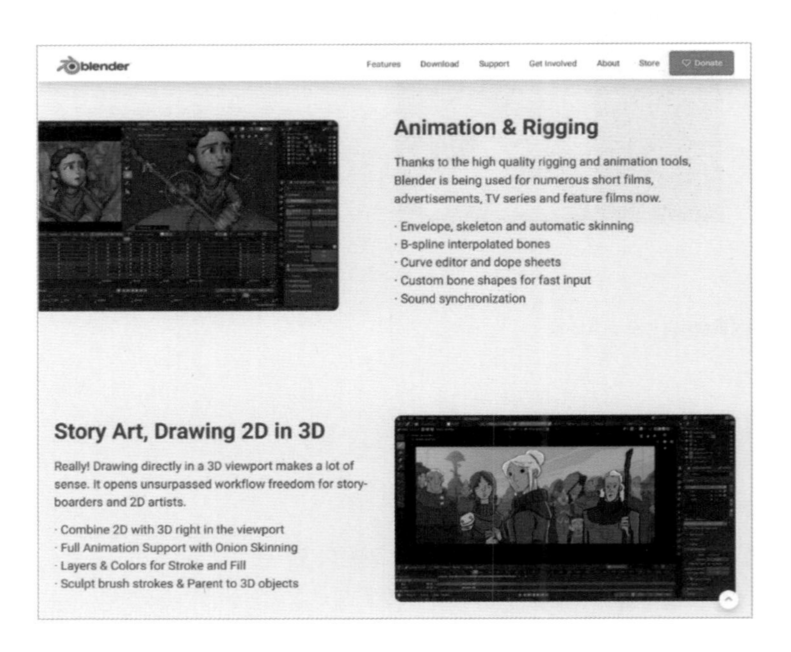

블렌더 홈페이지

특이사항 - 모델링, 텍스처링, 스컬핑, 애니메이션, 조명 등 다양한 기능을 사용할 수 있다.
- 렌더링 속도가 빠르다.
- 누구나 무료로 사용 가능하고 인터페이스가 직관적이다.

---

③ 마야(Maya)

지원 기기 PC

운영체제 Windows, Mac OS, Linux

비용 유료

홈페이지 https://www.autodesk.co.kr/products/maya/overview

특이사항 - 3D 애니메이션, 모델링, 시뮬레이션, 렌더링, 특수효과에 최적화되어 있다.
- 정교한 모델링을 통해 사실적인 3D 캐릭터 제작이 가능하다.

---

④ 라이노(Rhino)

지원 기기 PC

운영체제 Windows, Mac OS

비용 유료

홈페이지 https://www.rhino3d.com/kr

특이사항 - 렌더링부터 모델링까지 할 수 있으며 3D 애니메이션, 특수효과 등의 작업이 가능하다.
- 비교적 단순한 형태의 캐릭터 제작이 가능하다.

---

⑤ 시네마4D(Cinema 4D)

지원 기기 PC

운영체제 Windows, Mac OS

비용 유료

홈페이지 https://www.maxon.net/ko/cinema-4d

특이사항 - 3D 모델링, 애니메이션, 시뮬레이션, 렌더링 작업이 가능하다.
- 모션 그래픽 작업에 특화되어 있으며 어도비 애프터 이펙트와 연동 가능하다.

스톱 모션 캐릭터 애니메이션 제작 프로그램

① 드래곤프레임(Dragonframe)

지원 기기 PC

운영체제 Windows, Mac OS, Linux

비용 유료

홈페이지 https://www.dragonframe.com

특이사항
- 대부분의 디지털 카메라와 연결할 수 있어 라이브 뷰를 보면서 촬영할 수 있다.
- 화상 편집 기능과 음성 삽입이 가능한 스톱 모션 애니메이션 소프트웨어이다.

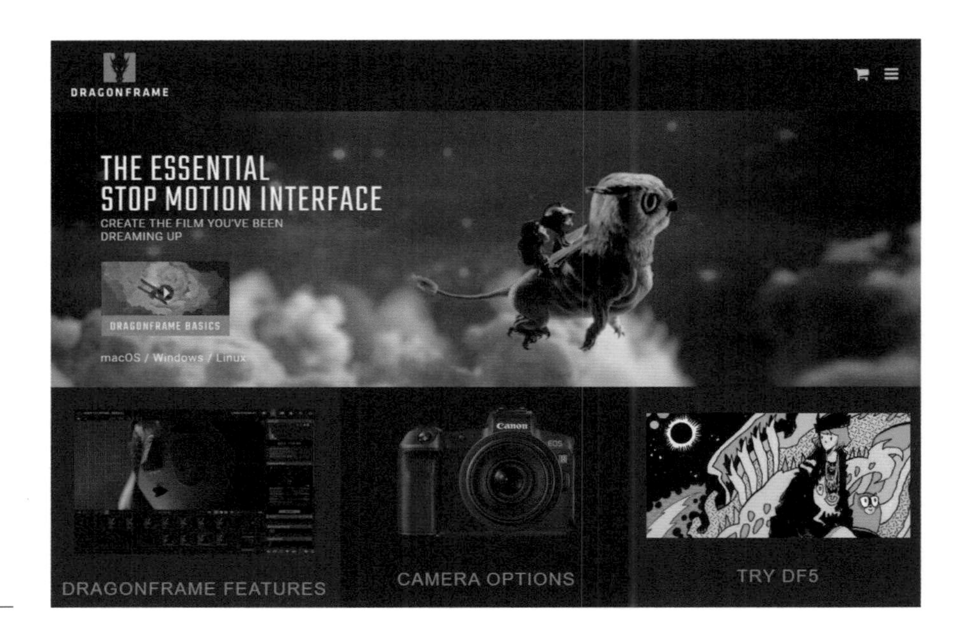

드래곤프레임 홈페이지

② 스톱 모션 스튜디오(Stop Motion Studio)

지원 기기 PC, 아이패드, 스마트폰(아이폰, 갤럭시), 크롬북

운영체제 Windows, Mac OS, iOS, Android

비용 유료

홈페이지 https://cateater.com

특이사항
- 인터페이스 및 조작이 간편한 편이다.
- 문자와 말풍선, 제목 생성 등이 가능하다.
- 디지털 카메라, 스마트폰, 태블릿에 연결·저장·공유하기가 편리하다.

Stop Motion Studio
Let's Make a Movie.

Want to create movies like Wallace and Gromit or those groovy Lego shorts on YouTube? Stop Motion Studio is an amazing app to create terrific stop action movies with a whole host of unique features. Like the frame-by-frame editor, the never get lost timeline and the cool sound editor.

스톱 모션 스튜디오 홈페이지

3 탄생 플랫폼에 따른 캐릭터 디자인의 특성

상품화 캐릭터

상품화 캐릭터는 산리오의 헬로키티, 모닝글로리의 블루 베어, 쌈지의 딸기와 같이 기획 단계에서부터 캐릭터를 장기적으로 다양한 상품에 적용하여 판매하기 위한 방향을 설정하며 상업적인 특징을 갖는다. 상품화를 목적으로 개발되는 캐릭터는 대중의 인기에 따라 캐릭터의 수명이 결정되기 때문에 트렌드와 대중의 취향을 고려하여 디자인하는 경향이 있으며 귀여운 인상을 주는 2등신 비율의 캐릭터로 제작하는 경우가 많다. 다양한 제품에 적용하기 쉽도록 형태, 컬러 등을 비교적 단순하게 디자인하는 것이 좋다.

산리오 캐릭터

아트/일러스트 캐릭터

1960년대 팝 아트에서 만화 캐릭터를 차용하기 시작한 이래 현재까지 캐릭터는 미술 작품의 소재가 되어 왔다. 만화나 애니메이션 속 캐릭터를 복제하거나 재구성하는 것에서 더 나아가 예술 작품을 위해 작가가 직접 캐릭터를 창작하기도 한다.

무라카미 다카시(Murakami Takashi)는 카이카이, 키키, 미스터 도브 등의 캐릭터 작품을 창작하고, 루이비통 브랜드와 컬래버레이션을 통해 캐릭터 작품을 상업적으로 상품화하기도 하였다. 카이카이는 토끼와 같이 긴 귀를 가지고 있으며, 키키는 뾰족한 송곳니를 가진 캐릭터로 두 캐릭터 모두 대칭적이고 2등신의 귀여운 신체 비율을 가지고 있다. 권기수 작가의 동구리는 웃을 수 없는 현실 속에서 어쩔 수 없이 웃으며 자신을 포장해야 하는 현실을 반영한 캐릭터로 애니메이션 영역으로 확장하였고, 찰스장의 해피하

무라카미 다카시의 카이카이와 키키 캐릭터와 루이비통 브랜드 컬래버레이션 사례

트 캐릭터는 제품 패키지, 이모티콘 등으로도 제작되고 있다. 눈과 손, 발에 X자 표시가 있는 컴패니언(Companion)을 창작한 카우스(Kaws)는 개인 SNS에서 직접 팬들과 소통하고 있다.

2021년 12월 이동기 작가의 아토마우스 캐릭터가 NFT를 발행한 것 등에서 볼 수 있듯, 예술작품을 위한 목적으로 탄생하는 아트/일러스트 캐릭터는 미술 작품에 국한되지 않고 기업과의 컬래버레이션을 통해 상품화되거나 아트 토이, 이모티콘 등과 같은 여러 매체로 제작되며 대중과의 소통을 적극적으로 시도하고 있다. 개개인의 개성을 중시하며 문화적 만족감을 추구하는 아트슈머(Art+Consumer)의 등장과 함께 아트/일러스트 분야의 캐릭터는 점차 문화 트렌드가 되어 가고 있다. 아트/일러스트 캐릭터는 작가의 독특한 감성을 적극적으로 표현하고 사람들과 소통하는 것이 중요하다.

아이덴티티 캐릭터

아이덴티티 캐릭터는 기관이나 단체, 브랜드, 이벤트 등과 소비자가 만나는 접점에서 기관의 인지도를 높이고 이미지를 상승시키는 역할을 한다. 아이덴티티 캐릭터는 홍보를 위한 목적이 크기 때문에 캐릭터 개발 과정에서 해당 기관의 아이덴티티와 가치를 반영하여 디자인하는 것이 중요하다. 경찰청 캐릭터 포돌이·포순이는 경찰을 상징하는 'Police'의 머리글자인 'Po'와 조선시대 포도청과 포졸의 '포' 자를 사용하여 전통성과 상징성을 담고 있다. 캐릭터의 외형에서도 국민의 목소리를 빠짐없이 듣고, 전국 구석구석을 살피며 범죄를 예방하겠다는 기관의 아이덴티티를 담아 큰 귀와 큰 눈으로 표현하였다.

서울여자대학교의 캐릭터 슈먼(Swuman)은 대학의 영문 이니셜 SWU의 형태와 전용 색상을 활용하여, Purple은 도전(Challenge)을, Yellow는 공손함(Tender)을, Blue는 학문과 새로움에 대한 호기심(Seeker)의 성격을 상징한다. 캐릭터 응용형은 서울여대인의 차별화된 속성과 서로 다른 성격을 가지고 자유롭게 변화하여 화합하는 이미지를 표현하고 있다. 또한 슈리(Swuri), 웬디(Wendi), 유시(U-si)는 서울여대 학생을 대표하는 캐릭터로서, S는 Smart(똑똑함)를 의미하고, W는 We(우리)+Wonder(궁금해하다), Wonderful(훌륭한)+나(I)라는 의미를 가지고 있으며, U는 Universe(세계), University(대학)를 뜻한다. 서울여대의 정체성을 담은 캐릭터를 통해 대학의 이미지를 창의적이고 친근하게 표현하였다.

경찰청 캐릭터 포돌이·포순이

서울여자대학교 캐릭터 슈먼의 기본형과 응용형

상표권: 40-1459314, 디자인권: 30-0967529, 30-0962857, 30-0962858, 30-0962859

상표권: 40-1459314, 디자인권: 30-0967529, 30-0962857, 30-0962858, 30-0962859

서울여자대학교 캐릭터 슈리, 웬디, 유시의 기본형과 활용형

브랜드를 대표하는 캐릭터의 경우, 소비자가 브랜드의 상품을 쉽게 인지하고 기억할 수 있도록 브랜드 상품의 특징을 상징하는 형태로 표현되기도 한다. 또한 마케팅 전략으로 신한은행의 신이와 한이, 미쉐린의 비벤덤, S-OIL의 구도일과 같이 캐릭터 자체에 브랜드명이나 심벌 등 브랜드를 인지할 수 있는 요소를 의도적으로 함께 포함시키기도 한다. 월드컵이나 올림픽, 축제, 박람회 등을 대표하는 캐릭터는 한정된 이벤트 기간 동안 특정 지역 내에서 집중적으로 사용된다는 특징을 갖는다. 온라인 및 오프라인 홍보를 위해 포스터, 사인, 기념품 등 다양한 매체에 적용되기 때문에 행사나 이벤트의 이미지와 통일감 있게 표현하는 것이 중요하다.

퍼스널리티(실제 인물) 캐릭터

퍼스널리티 캐릭터는 가수 싸이, 유튜버 흔한 남매, 도띠와 잠뜰같이 실존하는 인물의 콘텐츠화를 위해 탄생한 캐릭터이다. 실제 인물의 특징을 과장하고 단순화해서 표현한다는 점에서 캐리커처와 유사하다고 생각할 수 있으나 캐리커처가 주로 풍자적인 성격을 가지며 정치적·상업적 목적으로 사용되는 것과 다르게 퍼스널리티 캐릭터는 인기 있는 연예인이나 크리에이터의 고유 이미지를 캐릭터화하여 광고, 제품 패키지, 굿즈 등 다양한 매체에 활용하여 소비자들에게 즐거움과 친밀함을 제공한다.

디지털 기술의 발달로 디자이너가 아닌 일반 사용자가 크리에이터가 되어 캐릭터 디자인에 참여할 수 있는 범위가 점차 확장되고 있다. 사용자가 제페토와 같은 메타버스 플랫폼에서 자신의 외모와 현실의 모습, 개성을 반영한 아바타 캐릭터를 직접 만들고 사용할 수 있다. 애플의 아이폰에서는 사용자의 얼굴을 기반으로 한 '미모지(Memoji)'의 얼굴형과 피부색, 이목구비의 형태, 헤어스타일 등을 사용자가 직접 선택하여 개성 있는 '미모티콘'을 만들 수 있다. 이러한 아바타 캐릭터는 가상 공간에서 자신을 대신하여

미모지 캐릭터

퍼스널리티 캐릭터 사례

다른 사용자와 소통하기 위한 목적으로 제작되기 때문에 자신의 외모에 기초하여 제작하되 현실에서 하기 어려운 헤어스타일이나 소품 등을 활용하여 자신의 정체성을 표현한다는 특징을 가진다.

이모티콘 캐릭터

이모티콘 캐릭터는 SNS상에서 사용하기 위한 목적으로 개발된 캐릭터이다. 이모티콘 캐릭터는 아기곰 푸와 보노보노같이 기존에 개발된 캐릭터를 이모티콘 형식에 맞게 다시 디자인하는 경우도 있고, 카카오프렌즈나 라인프렌즈와 같이 처음부터 이모티콘으로 사용하기 위한 목적으로 개발되는 경우도 있다.

이모티콘 캐릭터는 모바일 환경에서 메시지를 전달하는 기능을 하기 때문에 구체적이고 사실적으로 묘사하는 것보다 단순하고 간결하게 표현하여

야 한다. 모바일 화면에서의 가독성을 높이기 위해 메시지 창의 UI와 배경색을 고려하여 캐릭터에 라인을 포함하여 그리는 경우가 많다. 라인이 없는 캐릭터를 디자인하는 경우에는 실제 배경색 위에서 캐릭터가 배경과 분리되어 보이는지 확인한 후 디자인해야 한다.

이모티콘 캐릭터를 디자인할 때에는 사용성을 고려하여 희로애락과 같은 기본 감정을 비롯하여 인사, 놀람, 감사, 궁금, 축하, 응원, 좌절 등 타깃 사용자가 대화 중에 자주 사용할 만한 감정과 상황을 중심으로 표현해야 하며, 캐릭터의 정체성이 잘 드러나도록 구성하는 것이 필요하다.

이모티콘 캐릭터는 카카오톡, 라인과 같은 메신저에서뿐만 아니라, 네이버 블로그 포스트, 카페, 밴드 등 다양한 플랫폼에서 스티커 형식으로 사용되기도 한다. 각 플랫폼마다 이모티콘의 크기와 개수, 제작 시 유의사항 등이 제각기 다르기 때문에 디자인 프로세스 초기에 어떤 플랫폼에서 사용할 용도로 이모티콘을 디자인할지 결정하는 것이 좋다. 카카오톡의 경우, 멈춰 있는 이모티콘, 움직이는 이모티콘, 큰 이모티콘의 유형에 따라 32종, 24종, 16종의 이모티콘을 제작하며, 사이즈도 360 × 360px, 540 × 540px, 540 × 300px 등으로 제각기 다르다. 네이버 밴드의 경우, 최고, 축하, 웰컴, 잘자요, 사랑해요, 고마워요 등 감정이 잘 드러나는 정지 이미지를 최대 5컷 포함하도록 권장하고 있다. 여러 플랫폼에서 이모티콘 제작 시 유의사항으로 명시하고 있는 내용은 아래와 같다.[23]

- 채팅방에서 사용할 수 있도록 다양한 상황과 감정을 표현하여 제작한다.
- 표정, 메시지, 일러스트를 알기 쉽고 심플한 내용으로 제작한다.
- 1:1 대화, 그룹방 대화, 연인 사이, 친구 사이, 직장에서, 가족끼리 등 누가 언제 어떻게 사용할지 미리 생각하고 제작한다.

---

23 카카오톡 이모티콘 스튜디오(https://emoticonstudio.kakao.com/pages/start), 라인 크리에이터스 마켓(https://creator.line.me/ko/guideline/sticker/)

- 멈춰 있는 이모티콘은 메시지가 명확하게 하고, 움직이는 이모티콘은 움직임을 활용한다.
- 모바일 화면에서 잘 보일 수 있도록 복잡하지 않게 디자인한다.
- 새로운 메시지와 창의적인 표현으로 개성 있게 디자인한다.
- 저작권 침해, 윤리 및 비즈니스 위반에 해당되지 않는지 반드시 확인한다(예: 저작권 · 상표권 · 초상권을 침해하는 콘텐츠, 욕설 및 폭언이 담긴 표현, 동물 학대를 희화화하거나 조장하는 표현, 학교 폭력 등 집단 괴롭힘과 관련된 표현, 미성년자의 음주 또는 흡연을 연상시키는 표현, 특정 개인이나 집단을 멸시 및 조롱하는 표현, 정치와 관련된 표현, 특정 종교를 희화화하는 표현, 미풍양속을 저해하는 내용, 성적이거나 폭력적인 표현, 국수주의를 조장하는 내용 등은 금지한다).
- 가로로 긴 이미지나 8등신 캐릭터의 전신과 같이 시인성이 떨어지는 표현은 사용하지 않는다.

나눔이와 이음이 이모티콘 디자인

게임 캐릭터

게임 캐릭터는 사용자가 가상의 공간에서 캐릭터의 주체가 되어 캐릭터를 움직일 수 있다. 여러 사람이 목표를 수행하는 방식의 게임에서는 사용자가 캐릭터의 역할을 선택하고 성장시키기도 한다. 게임 캐릭터는 사용자의 감정이나 행동을 대신하여 표현한다는 점에서 쌍방향성 커뮤니케이션의 특징을 가진다. 이러한 캐릭터와의 상호작용으로 인해 사용자가 게임 캐릭터에게 느끼는 친밀감이 다른 분야의 캐릭터에 비해 크다.

게임에서 캐릭터의 움직임은 플레이어를 안내하고 의미를 전달하는 역할을 한다. 게임 캐릭터는 사용자의 몰입을 위해 사실적인 그래픽으로 표현되기도 하며, 게임 콘텐츠에 따라 아이템이나 도구, 의상, 능력 표현 등을 함께 디자인하는 경우가 많다. 게임 캐릭터 중 동적인 움직임이 많은 경우 8~9등신의 비율로 제작되는 경향이 있는데, 인기 있는 캐릭터의 경우 팬 서비스 차원에서 상품 제작 등을 위해 SD 버전의 형태로 제작하기도 한다. SD 캐릭터로 신체 비율을 줄이는 과정에서 기존 캐릭터의 외모의 특징과 소품, 무기, 색채 등의 정체성이 왜곡되지 않고 잘 반영될 수 있도록 주의하는 것이 필요하다.

게임 캐릭터 리틀 찰리 사례
(학생 작품)

콘텐츠 캐릭터

애니메이션 캐릭터는 다른 분야의 캐릭터보다 동적인 이미지가 강하다. TV 애니메이션의 경우 메인 캐릭터와 서브 캐릭터에게 과장된 성격을 부여하고 특정 사건에 각 캐릭터가 어떻게 반응하는지를 중심으로 스토리를 풀어간다. 상대적으로 제한된 시간 동안 상영되는 극장용 애니메이션에서는 캐릭터의 형태와 얼굴 표정 등에서 성격을 쉽게 인식할 수 있도록 디자인하는 것이 중요하다. 웹툰에서 스토리를 이끌어 가는 웹툰 캐릭터는 긴 스토리를 현실감 있고 탄탄하게 끌고 나가기 위하여 사전조사를 철저히 하여 디자인해야 한다. 앞으로 진행될 스토리와 관련된 자료를 다양하게 수집하고 수집된 이미지를 참고하여 주요 캐릭터들의 외적 · 내적 아이덴티티를 설정한다.

캐릭터의 성격, 캐릭터 간의 관계 등을 고려하여 주로 표현해 낼 시각적 특징을 다듬는다. 전개하고자 하는 장르의 이미지에 어울리는 캐릭터 그래픽 스타일을 설정하고 지속적으로 그려 내기에 적합한 난이도와 특징을 지닌 캐릭터를 디자인하는 것이 좋다.

인스타툰(인스타그램 + 카툰)은 많은 사람들이 사용하는 인스타그램에 만

Flippers Club 웹툰 캐릭터 사례(학생 작품)

화를 연재할 수 있어 접근성이 좋다는 장점을 가진다. 인스타툰의 경우, 정사각형이나 직사각형의 제한된 크기로 게시물을 업로드하고 좌우 슬라이드 방식을 통해 게시가 된다는 인스타그램 플랫폼의 특성을 고려하여 제작하여야 한다. 또한 한 번에 10장까지만 업로드할 수 있기 때문에 일반 웹툰보다 그려야 하는 컷 수가 적어서 장편 만화보다는 단편 만화에 사용하는 것이 더 적합하다. 웹툰이나 인스타툰 캐릭터는 지속적으로 연재해야 하는 특성을 가지므로 그리기 쉽고 특징이 잘 보이도록 디자인하는 것이 좋다.

캐릭터 매뉴얼 북이란 무엇일까?

캐릭터 매뉴얼 북이란 무엇일까?

캐릭터 매뉴얼 북은 캐릭터의 콘셉트와 규격, 사용 등에 대한 명확한 규정을 정리한 안내서이다. 캐릭터가 다양한 매체에 적용되고 상품으로 제작되는 과정에서 구체적인 지침이 없으면 캐릭터의 형태나 색채, 비례 등이 왜곡될 수 있다. 캐릭터 매뉴얼은 내가 만든 캐릭터가 일관성을 유지할 수 있도록 안내하는 역할을 하며, 캐릭터 라이선스 사업이 확장될수록 캐릭터의 체계적인 관리를 위해 필요하다.

1 캐릭터 매뉴얼 북 구성 요소

캐릭터 매뉴얼 북에는 어떤 내용을 담아야 할까? 캐릭터 매뉴얼 북의 구성 요소는 표지와 기본 시스템(basic system), 응용 시스템(application system)으로 구분할 수 있다. 기본 시스템에는 일반적으로 캐릭터 소개, 기본형, 로고 타입과 시그니처(signature), 턴어라운드, 비율, 전용 색상과 캐릭터 사용 가이드에 대해 규정하고, 응용 시스템에는 캐릭터 응용 표정, 응용 동작, 캐릭터를 활용한 다양한 애플리케이션에 대한 정보를 수록한다.

Basic System

BS01. 캐릭터 소개
BS02. 캐릭터 기본형
BS03. 캐릭터 로고 타입/시그니처
BS04. 캐릭터 턴어라운드
BS05. 캐릭터 비율
BS06. 캐릭터 전용 색상
BS07. 캐릭터 사용 가이드

Application System

AS01. 캐릭터 응용 표정
AS02. 캐릭터 응용 동작
AS03. 캐릭터 애플리케이션

캐릭터 매뉴얼 북의 구성 요소

표지

캐릭터 매뉴얼 북의 표지에는 캐릭터 이름과 대표 이미지와 함께 '○○ 캐릭터 매뉴얼 북' 또는 '○○○ 캐릭터 매뉴얼 가이드'와 같이 타이틀을 기재한다. 매뉴얼 북의 표지는 캐릭터에 대한 첫인상을 함축하여 보여 주므로 캐릭터의 상징색이나 로고 타입 등을 사용하여 캐릭터의 개성이 잘 드러나도록 레이아웃을 구성하는 것이 좋다. 메인 캐릭터와 서브 캐릭터를 함께 보여 줄 수도 있으며, 브랜드 캐릭터의 경우 브랜드 로고나 심벌을 표지에 포함하기도 한다. 표지 다음 장에는 목차 페이지를 추가하여 전체적인 구성을 한눈에 알아볼 수 있게 정리해 주는 것이 좋다.

Basic System

BS01. 캐릭터 소개

캐릭터 소개 페이지에는 캐릭터에 대한 전반적인 이해를 돕기 위해 메인 캐릭터와 서브 캐릭터의 외적 및 내적 아이덴티티를 함축하여 정리한 캐릭터 프로필을 수록한다. 캐릭터 프로필의 대표 이미지는 캐릭터의 콘셉트와 성격을 잘 보여 주는 포즈로 표현하는 것이 좋다.

BS02. 캐릭터 기본형

캐릭터 기본형은 캐릭터의 기준이 되는 기본 정자세를 포함하여 규정한다. 캐릭터의 표현 방법이 라인이 있는 것과 없는 것, 입체 등 다양하다면 각 표현별로 기본형을 규정하여 수록하여야 한다.

BS03. 캐릭터 로고 타입/시그니처

캐릭터 로고 타입은 캐릭터의 이름 또는 타이틀을 디자인한 것으로 캐릭터의 외모 및 성격과 어울리는 서체를 사용하여 제작한다. 초등학교 저학년 이하를 대상으로 한 캐릭터의 경우 한글과 영문 로고 타입을 함께 디자인하는 경우가 많다. 아이덴티티 캐릭터의 경우 기관이나 브랜드의 로고와 캐릭터를 조합한 시그니처를 제작하여 활용하기도 한다. 캐릭터 시그니처는 캐릭터의 심벌과 로고 타입의 비례와 배열 방식 등에 대해 규정하며 캐릭터 전용 서체가 있는 경우 서체 세트를 매뉴얼 북에 포함하기도 한다.

BS04. 캐릭터 턴어라운드

캐릭터 턴어라운드 페이지에는 캐릭터의 정면, 측면, 뒷면의 체형이 캐릭터 활용 시 유지될 수 있도록 형태와 비례, 색채를 규정하여 제시한다. 캐릭터 턴어라운드는 입체를 형성하는 중요한 요소로 향후 응용 동작이나 애플리케이션 제작의 기준이 되기 때문에 반드시 포함되어야 한다. 캐릭터의 특성에 따라 위에서 내려다본 평면도(top view)를 제작하는 경우도 있으며 1/4 측면을 추가하여 세분화하여 규정하는 경우도 있다.

BS05. 캐릭터 비율

캐릭터 비율에는 메인 캐릭터와 서브 캐릭터의 상대적인 신체 비율과 크기의 차이를 알 수 있도록 캐릭터들을 나란히 배치한다. 배경에 기준선을 포함하여 표기하면 각 캐릭터의 스케일을 비교하여 보기 쉽다. 메인 캐릭터와 서브 캐릭터가 한 공간에 배치되는 경우에는 제시된 신체 비율과 스케일대로 올바르게 적용하여 사용해야 한다. 캐릭터의 신체 비율과 크기는 캐릭터의 성격과 아이덴티티, 스토리의 설정과 관련이 있기 때문에 왜곡되어 사용하게 되면 다른 메시지를 전달하게 될 수도 있어 주의가 필요하다. 캐릭터가 서 있는 자세와 앉아 있는 자세의 비율을 별도로 구분하여 규정하기도 한다.

BS06. 캐릭터 전용 색상

캐릭터 전용 색상은 캐릭터의 아이덴티티를 형성하는 주요 요소 중 하나로 언제나 지정된 컬러로 사용하여야 하며 임의로 변경하여 사용할 수 없다. 캐릭터 전용 색상은 인쇄를 위한 CMYK 컬러와 영상 매체에 활용하기 위한 RGB 컬러 정보를 함께 규정한다. 이 외에도 실무에서 폭넓게 사용하고 있는 팬톤(Pantone) 컬러, 그러데이션 색채 정보, 그레이스케일로 인쇄할 경우를 위해 명도 정보를 추가할 수도 있다. 선이 없는 캐릭터 스타일 중 색상이 흰색인 경우, 배경색을 회색 등으로 적용하여 캐릭터가 잘 보일 수 있도록 구성해야 한다. 선이 있는 캐릭터 스타일에서는 캐릭터의 색상에 따라 선 색상이 변경 가능한지 등에 대해서도 규정해 주는 것이 필요하다.

BS07. 캐릭터 사용 가이드

캐릭터 이미지의 반전, 이목구비의 위치, 신체 비율, 라인 굵기 등은 매뉴얼 북에 규정된 대로 사용해야 한다. 캐릭터가 다양한 상품으로 제작되는 과정에서 왜곡되지 않게 하기 위해서 필요한 기준과 캐릭터 사용 시 유의사항에 대해 구체적으로 작성하여 규정하는 것이 필요하다. 예를 들어 캐릭터의 최소 크기를 규정하고, 메인 캐릭터와 서브 캐릭터의 종류가 여러 개일 경우 상품의 특성에 따라 사용을 제한할 수도 있으며, 밝은 배경과 어두운 배경에서 캐릭터의 컬러가 어떻게 적용되어야 하는지 등에 대한 세부 지침을 추가할 수도 있다. 구체적인 캐릭터 사용 가이드는 캐릭터 상품 제작 과정에서 캐릭터에 대한 이해를 돕고 불필요한 커뮤니케이션을 줄여 업무 효율을 높일 수 있게 해 준다.

Application System

AS01. 캐릭터 응용 표정

캐릭터 응용 표정은 캐릭터의 개성을 잘 표현하고 활용도가 높은 사랑, 인사, 감사 등과 같은 감정 표현을 중심으로 구성한다. 기쁨, 슬픔, 우울, 행복, 놀람, 걱정, 공포 등의 감정에 따라 캐릭터의 눈동자 모양, 선의 굵기와 방향 등이 어떻게 변화하고 일정하게 유지되어야 하는지에 대해 규정한다. 매뉴얼에 포함되지 않은 표정을 사용할 경우 캐릭터 저작권자와 협의한 후에 제작해야 일관성을 유지할 수 있다.

AS02. 캐릭터 응용 동작

캐릭터의 다양한 응용 동작은 캐릭터의 아이덴티티를 나타내며 캐릭터를 홍보하는 역할로 활용할 수 있다. 예를 들어 금호타이어의 캐릭터 또로와 로로는 운전 중인 콘셉트의 동작을 포함하여 기업의 아이덴티티를 나타내고 있으며, 수도권대기환경청 캐릭터인 푸르미와 맑음이의 경우, 자전거를 타는 동작과 손을 씻거나 실내 환기를 하는 동작을 포함하여 수도권 대기환경 조성을 위해 노력하는 모습을 보여 준다.

AS03. 캐릭터 애플리케이션

캐릭터는 메모지와 스티커, 엽서, 노트, 스탬프와 같은 문구류와 인형, 쿠션, 머그컵, 에코백, 핸드폰 케이스, 티셔츠와 같은 생활용품, 이모티콘 등 다양한 매체와 상품으로 제작하여 판매할 수 있다. 캐릭터 애플리케이션은 상품화로 직접 연결될 수 있는 부분으로 캐릭터의 아이덴티티와 타깃층의 특성을 고려하여 가능하면 다양한 애플리케이션을 포함하는 것이 좋다. 매뉴얼 북에는 상품 제작에 참고할 수 있도록 크기와 수치, 제작 시 주의사항 등에 대한 규정을 작성하며 실제 캐릭터가 매체에 적용된 모습을 볼 수 있도록 모크업(mockup) 이미지를 포함하는 것도 도움이 된다. 포토샵 프로그램의 사용이 익숙하지 않다면 무료 모크업 파일을 만들 수 있는 사이트를 활용하여 제작해 볼 수 있다.

2 캐릭터 매뉴얼 북 사례

실제 산업 현장에서 사용하고 있는 캐릭터 매뉴얼 북은 어떤 내용으로 구성되어 있을까? 아이덴티티 캐릭터로 개발된 한국장기조직기증원의 공식 캐릭터인 나눔이와 이음이의 캐릭터 가이드 북과 스포츠 공과 동물을 결합한 콘텐츠 캐릭터, 볼베어 프렌즈 중 베이스볼 베어 히트의 매뉴얼 북 사례를 통해 살펴보자.

한국장기조직기증원 캐릭터 가이드북

앞표지, 뒤표지

캐릭터 매뉴얼 북 앞표지에는 메인 캐릭터 나눔이와 이음이의 기본형과 기관 로고가 포함되어 있고, 뒤표지에는 캐릭터 시그니처를 포함하여 구성하였다.

캐릭터 기본형, 정자세

캐릭터 기본형은 한국장기조직기증원의 생명 나눔의 가치를 더 쉽고 따뜻하게 받아들일 수 있도록 귀엽고 친근한 이미지로 디자인하여 규정하고 있

다. 캐릭터의 기본형과 정자세는 2D와 3D의 2가지 그래픽 스타일을 모두 포함하여 제시하고 있다.

캐릭터 소개, 로고 타입

캐릭터 소개 페이지는 캐릭터의 2D 기본형과 로고 타입과 함께 캐릭터 스토리를 기재하여 구성하였다. 이음이와 나눔이는 생명과 생명을 잇는 한국장기조직기증원의 역할과 정체성을 상징하는 '잇다'와 '나누다'라는 기관의 역할과 가치, 정체성을 모두 표현하고 있다. 사랑 배달부 콘셉트로 표현된 이음이와 나눔이는 전국 방방곡곡을 누비며 숭고한 사랑을 모으고, 그 사랑을 애타게 기다리는 사람들에게 전해 주는 역할을 한다. 나눔이는 '사랑가방' 아이템을 통해 관리국의 프로 배달부인 콘셉트를 잘 표현하고 있으며, 이음이는 나눔이가 숭고한 사랑을 더 많이 잘 찾을 수 있도록 돕는 든든한 친구로 소개하여 캐릭터의 정체성을 잘 이해하고 활용할 수 있도록 하였다.

캐릭터 턴어라운드

캐릭터 턴어라운드는 캐릭터의 정면, 측면, 후면과 함께 1/4, 3/4 측면을 포함하였고, 평면과 입체 스타일 모두 규정하여 각종 입체 제작에 캐릭터의 아이덴티티를 유지하여 적용할 수 있도록 하였다.

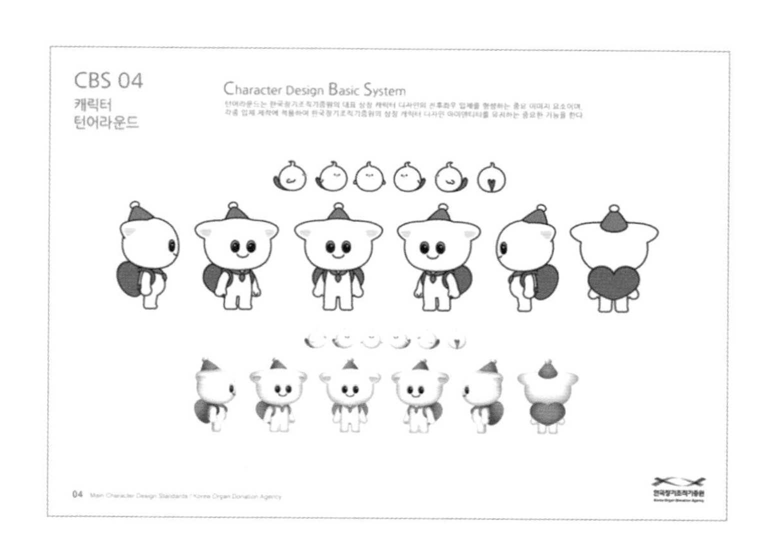

캐릭터 전용 색상, 단도 라인 및 흑백 규정

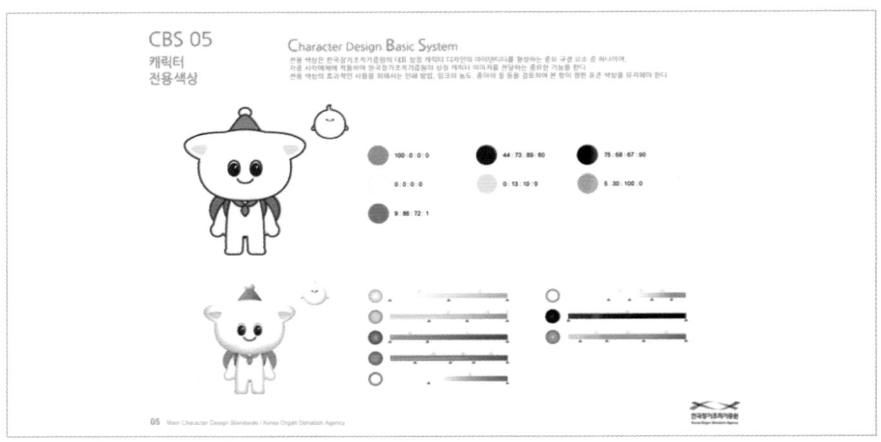

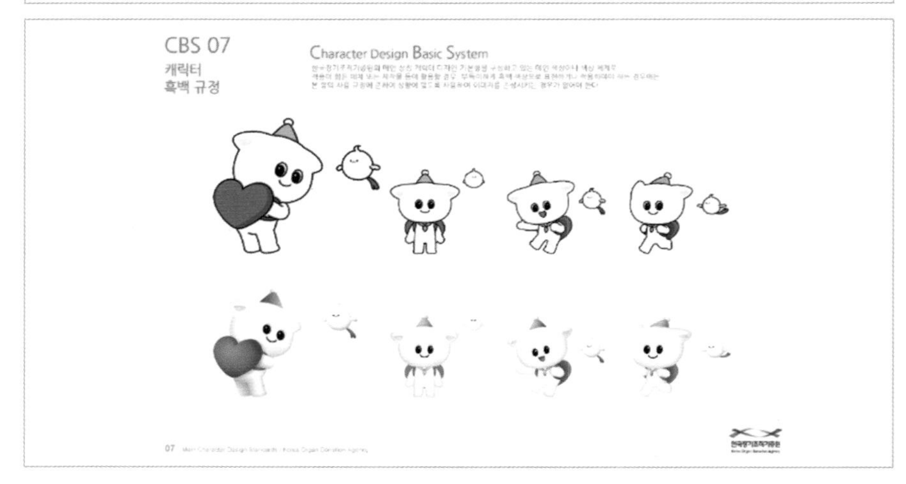

캐릭터 전용 색상은 인쇄용 CMYK 컬러와 3D 스타일의 색채를 구현하기 위한 색채 정보를 제공하고 있으며, 인쇄 방법, 잉크 농도, 종이의 질 등을 검토하여 표준 색상을 유지해야 한다고 규정하고 있다. 또한 규정된 캐릭터의 색상 체계로 적용하기 힘든 매체나 제작물에 활용할 경우 등 상황에 따라 이미지가 손상되지 않도록 단도 라인 규정과 흑백 규정을 별도로 제공하고 있다.

캐릭터 시그니처, 엠블럼

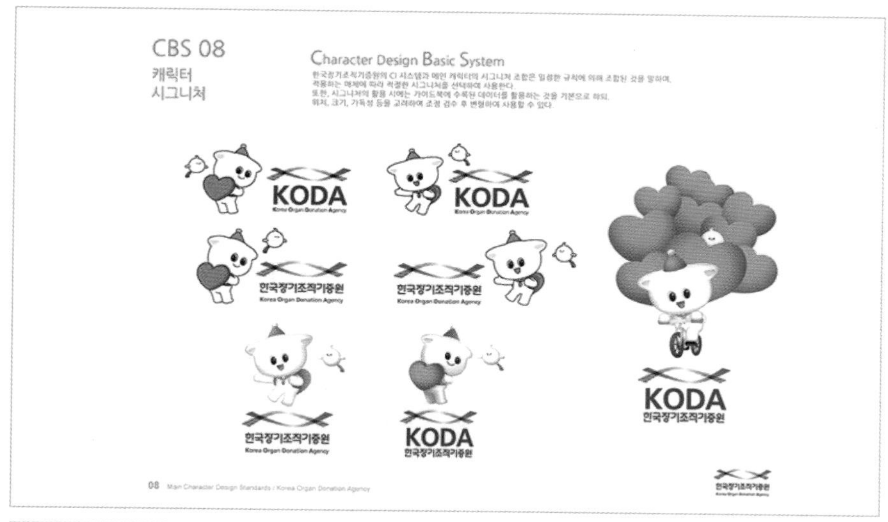

캐릭터 시그니처는 한국장기조직기증원의 CI 시스템과 메인 캐릭터를 일정한 규칙에 의해 조합한 것으로서 다양한 조합을 제공하여 적용 매체에 따라 선택하여 사용할 수 있도록 하였다. 캐릭터 엠블럼의 경우, 특수한 경우나 변경이 필요한 때에 엠블럼에 적용된 문구나 문자를 용도에 맞추어 교체 사용할 수 있도록 허용하고 있다.

캐릭터 기본 응용형

캐릭터 응용형은 필요한 상황과 설정을 토대로 10가지 응용 동작을 제공하며 전달하고자 하는 메시지 및 제작 의도에 따라 가장 적절한 응용형을 선택하여 사용할 수 있도록 하였다.

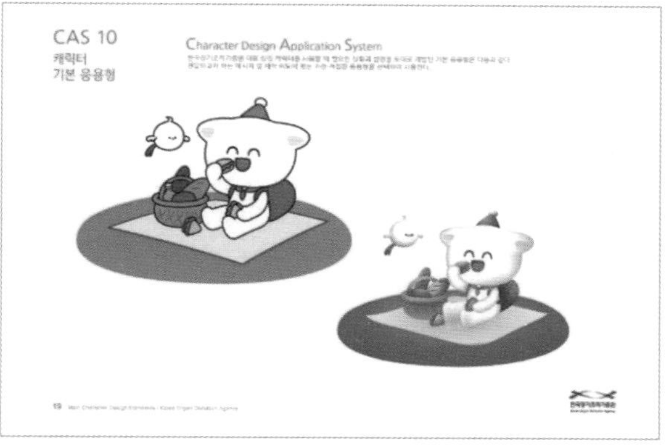

캐릭터 애플리케이션

캐릭터 애플리케이션은 이모티콘과 모바일 배경화면 일러스트를 개발하여 포함하고 있다. 이모티콘의 경우 모바일 및 인터넷상의 커뮤니케이션에서 사용할 수 있도록 안녕, 사랑스러워, 사랑해, 긍정, 감동, 우울, 실망, 분노,

최고 등의 메시지를 담은 이모티콘 16종을 제공하고 있으며, 애플리케이션으로 개발한 디자인은 필요시 일반 감정 표현의 응용 디자인으로도 활용할 수 있도록 규정하고 있다.

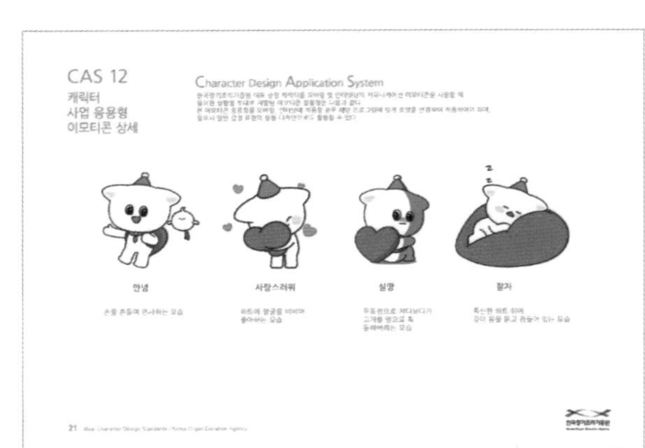

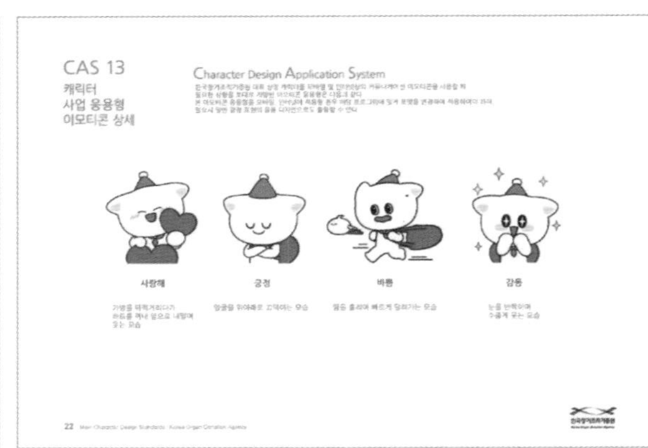

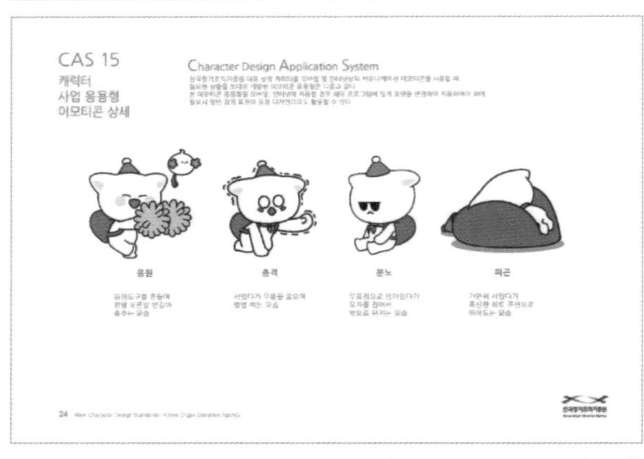

볼베어 히트 캐릭터 매뉴얼 북(제작: (주)도파라)

표지, 목차

Content

캐릭터 소개

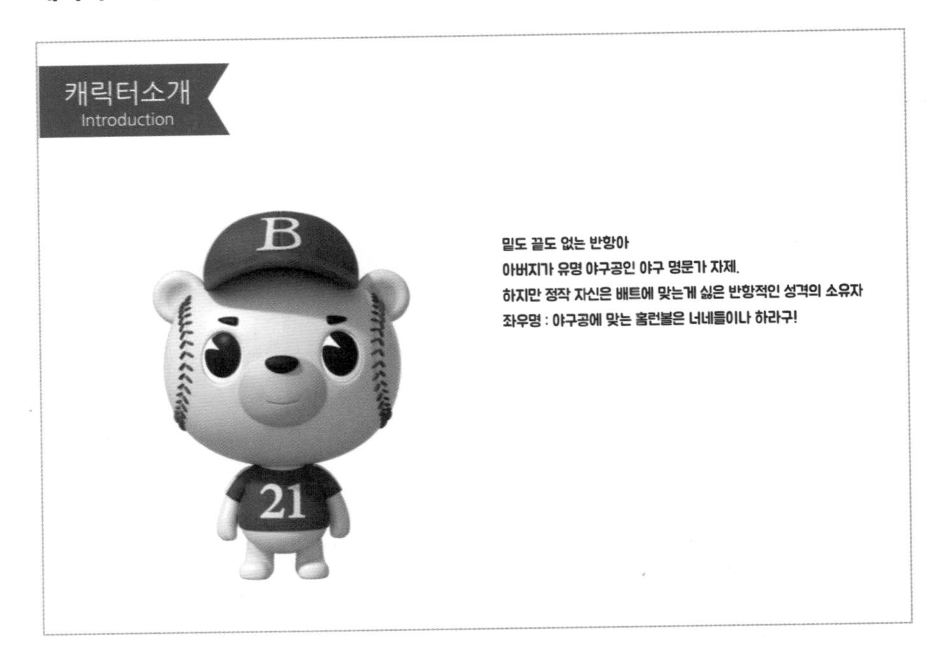

캐릭터 턴어라운드

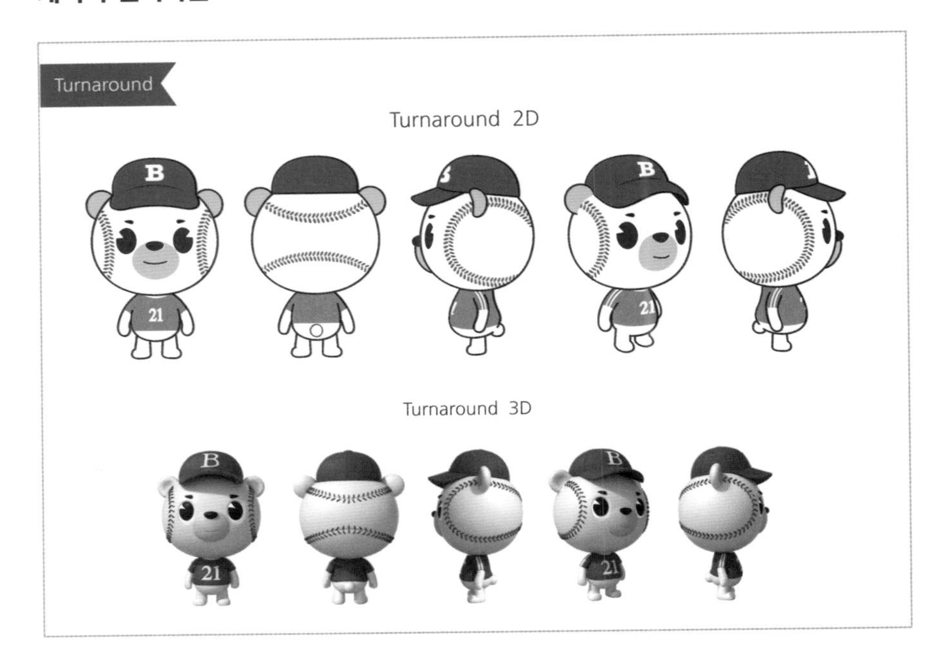

캐릭터 전용 색상

캐릭터 응용 동작

Motion

Motion

캐릭터 응용 표정

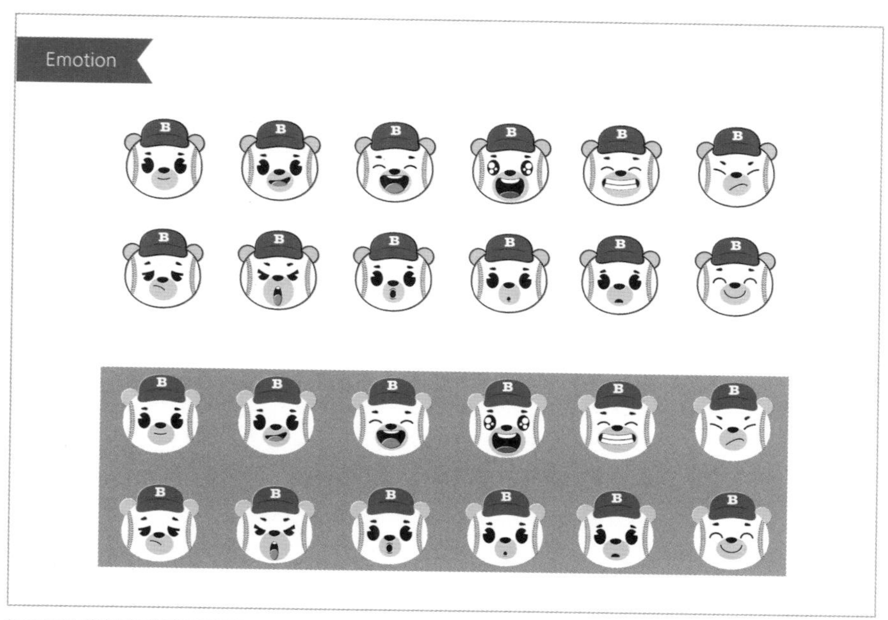
Emotion

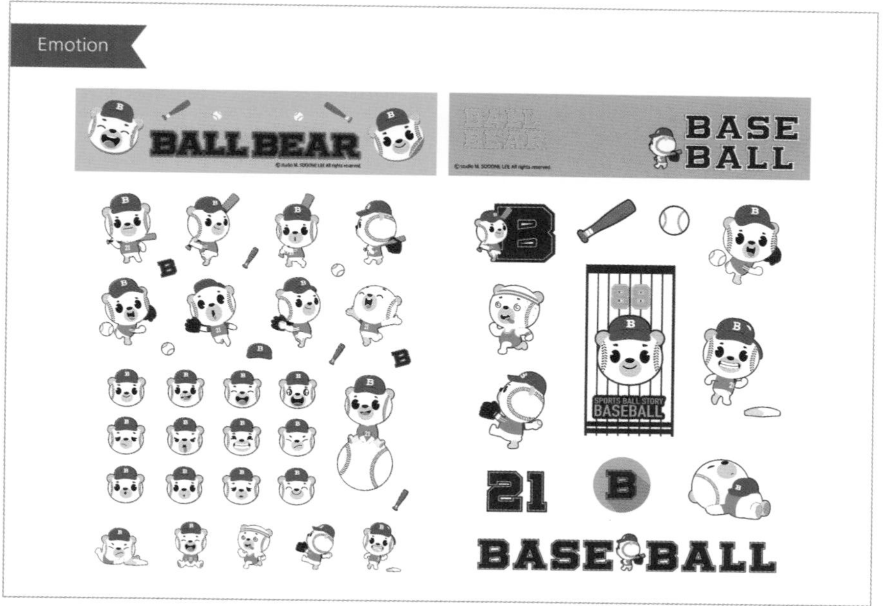
Emotion
BALL BEAR
BASE BALL
SPORTS BALL STORY BASEBALL
21
BASE BALL

캐릭터 애플리케이션

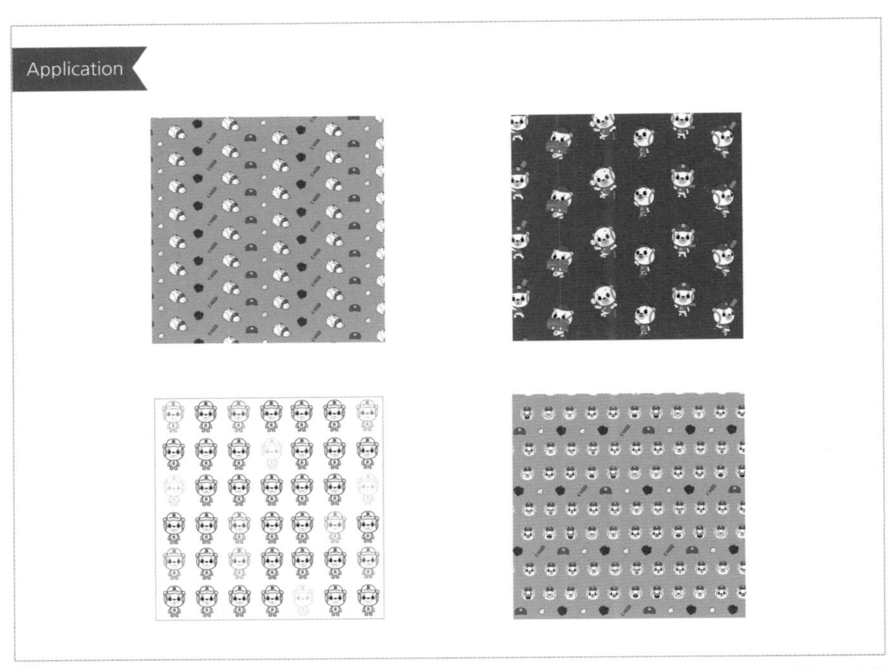

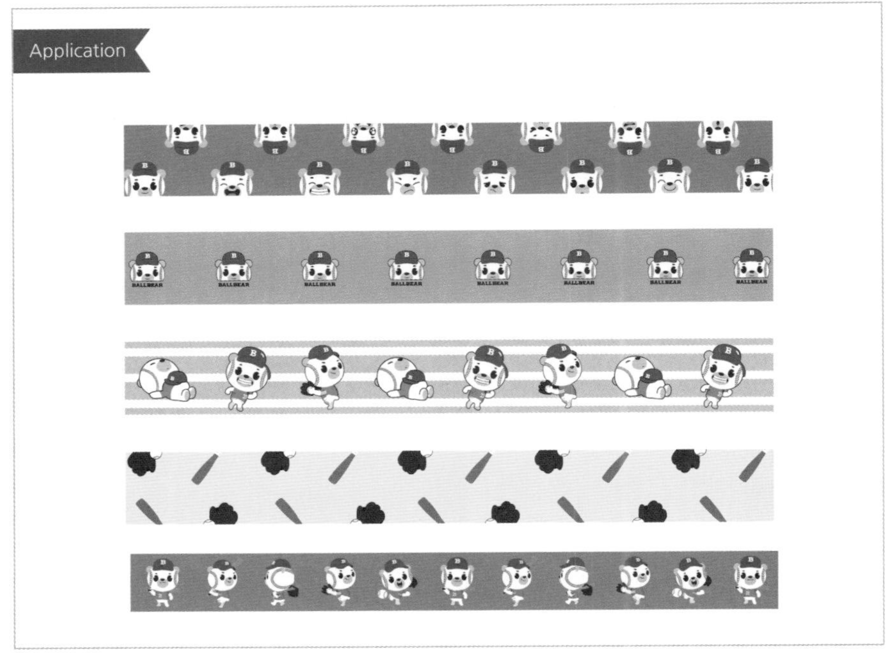

Application

iPhone 12 mini(5.4)

iPhone 12 mini(5.4)

Application

iPhone 12 mini(5.4)

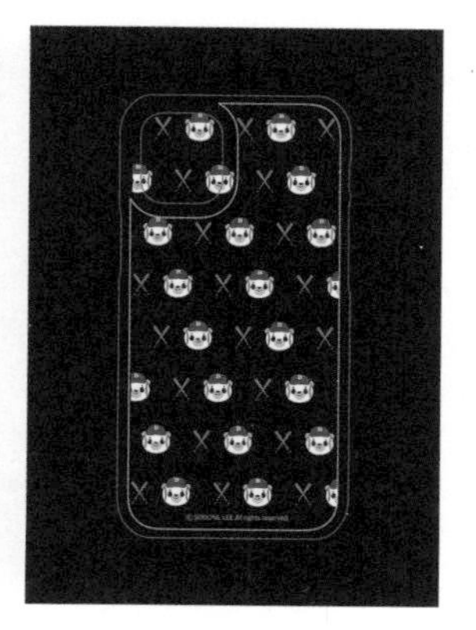
iPhone 12 mini(5.4)

PART

캐릭터 디자인 프로젝트

나만의 캐릭터 만들기

나만의 캐릭터 만들기

1 상품화 캐릭터 만들기

다양한 상품으로 제작하여 판매하기 위한 상품화 캐릭터의 스토리를 작성하고 메인 캐릭터와 서브 캐릭터를 창의적으로 디자인해 본다. 타깃 사용자와 캐릭터 스토리에 따라 어떤 상품으로 판매되면 좋을지 생각해 보고 다양한 애플리케이션으로 제작해 본다.

상품화 캐릭터 Tommy and Jonny(학생 작품)

디자인 프로세스

1단계: 자료 조사 및 기획

상품화 캐릭터 분야의 현재 트렌드와 가장 인기 있는 캐릭터의 특징 등에 대해 조사한 후 대중에게 사랑받는 상품화 캐릭터의 주제와 타깃, 디자인 개발 방향에 대해 정리해 본다. 구글, 핀터레이스, 인스타그램에서 관련 정보를 검색하거나 한국콘텐츠진흥원에서 발간하는《캐릭터 산업백서》등의 보고서를 참고하는 것도 좋다. 상단의 캐릭터 디자인 사례의 경우, 10대 후반에서 20대 여자 고등학생과 대학생으로 타깃을 구체화하였고 지금까지 캐릭터의 소재로 등장하지 않았던 먹이사슬 관계인 개미핥기와 개미를 주제로 선정하여 차별화된 콘텐츠를 기획하였다. 팬시용품을 좋아하고 아기자기한 디자인을 선호하는 타깃층의 취향을 고려하여 북유럽 스타일의 일러스트에 회화적인 질감을 추가하는 방향으로 기획하였다.

2단계: 캐릭터 아이덴티티와 스토리 개발

전 단계의 기획 내용을 바탕으로 메인 캐릭터, 서브 캐릭터의 외적 및 내적 아이덴티티를 정의하고 스토리를 작성해 본다.

'Tommy and Jonny' 캐릭터 스토리 작성 사례

"짧은 꼬리로 남들에게 놀림당하던 개미핥기는 자신의 원래 서식지인 멕시코 초원은 동물원보다 다양한 모습의 동물들이 함께 지내고 있다는 것을 알고 고민하던 중, 먹이로 배급된 개미들 중 동물원의 지리를 잘 알고 있고, 해외로 가는 게 꿈인 개미를 만나게 된다. 뜻이 맞은 둘은 동맹관계를 맺고 동물원을 탈출하기 위해 계획을 꾸민다. 덩치는 크지만 엉뚱한 개미핥기를 개미는 항상 답답하게 생각하며 잔소리를 한다."

3단계: 캐릭터 스케치

캐릭터의 성격과 특징에 어울리는 독창적이고 개성 넘치는 외모를 다양하게 그려 본다. 각 캐릭터당 최소 10개 이상의 스케치를 그려 보며 캐릭터의 아이덴티티와 디자인 콘셉트에 가장 잘 부합하는 형태와 신체 비율, 의상과 소품, 메인 캐릭터와 서브 캐릭터의 스케일, 표정과 동작을 탐색해 본다.

4단계: 캐릭터 채색 및 로고 디자인

캐릭터의 기본형을 채색하여 완성하고 캐릭터와 어울리는 로고를 디자인한다. 우측 디자인 사례는 메인 캐릭터의 이름인 'Tommy and Jonny'를 타이틀로 사용하고 동물원을 탈출한다는 캐릭터 스토리를 함축하는 부제목을 하단에 추가하여 소비자가 캐릭터의 내용에 대해 쉽게 이해할 수 있도록 디자인하였다. 캐릭터와 동일한 색채와 질감을 로고 타입에도 일관되게 적용하였고, 글자에 귀 모양과 더듬이, 발자국을 추가하여 캐릭터의 외모를 연상할 수 있도록 표현하였다.

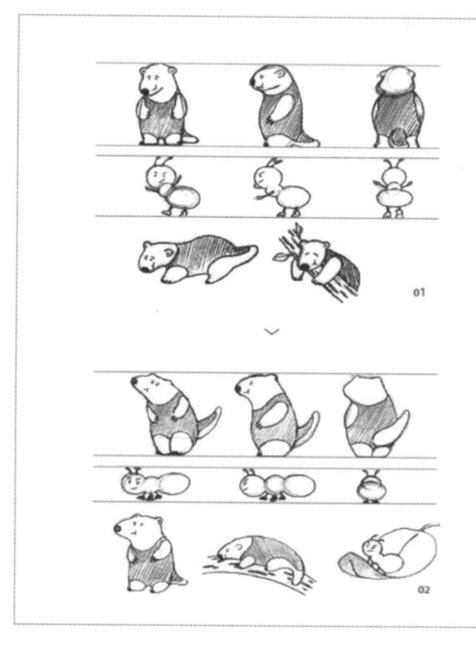

01

02

03

About Sketch

초기 스케치는 몸통과 팔, 다리 등이 하나하나 형태적으로 구분되어 있어 심플하고 면적인 그래픽스타일로 기획했던 컨셉과 잘 맞지않았다. 캐릭터들을 좀 더 하나의 덩어리처럼 보이기 위해 계속해서 단순화 시키는 작업을 진행했고 결과적으로 의도했던 캐릭터의 형상이 도출되었다.

LOGO AND CHARACTER

주인공이자 서로 콤비라고 볼 수 있는 두 캐릭터의 이름을 네이밍으로 사용했다. 부제목에는 동물원을 탈출한다는 캐릭터 스토리를 한문장으로 정리했고 로고의 스타일은 캐릭터 분위기와 어울리게 반듯하지 않고 어딘가 장난스럽게 보이는 서체로 디자인해보았다. 마찬가지로 다양한 질감효과를 사용했으며 글자에 귀 모양이나 더듬이, 발자국을 조화롭게 배치해, 캐릭터가 연상되도록 로고를 완성시켰다.

이름 타미
나이 3살(사람나이 15살)
성별 남자
취미 개미를 잡아먹는 거였지만 조니와 동맹을 맺은 이후 언젠가 초원에서 뛰어노는 상상을 하는게 취미.
특징 순하게 생긴 얼굴로 엉뚱하고, 식탐이 강해 항상 뭔가를 우물거리고 있다. 조니에게 자주 잔소리를 듣는다.
콤플렉스 다른 개미핥기들 보다 꼬리가 짧은 것이 콤플렉스.

이름 조니
나이 3개월(사람나이 20살)
성별 남자
취미 동물원 폐장 후 몰래 사육장을 빠져나와 이곳저곳 돌아다니기.
특징 동물원의 지리는 잘 알고있다. 야무지고 빠릿빠릿한 성격으로 언젠가 해외파 개미가 되는 것이 꿈이다.
콤플렉스 몸집이 작아 빠져나가긴 쉽지만 멀리 가지는 못한다는 것이 한이다.

5단계: 캐릭터 턴어라운드 및 대표 이미지 제작

캐릭터의 앞면, 옆면, 뒷면을 그린 턴어라운드를 완성하고, 캐릭터의 개성을 잘 보여 줄 수 있는 다양한 응용 동작을 그려 본다. 가장 활용도가 높고, 캐

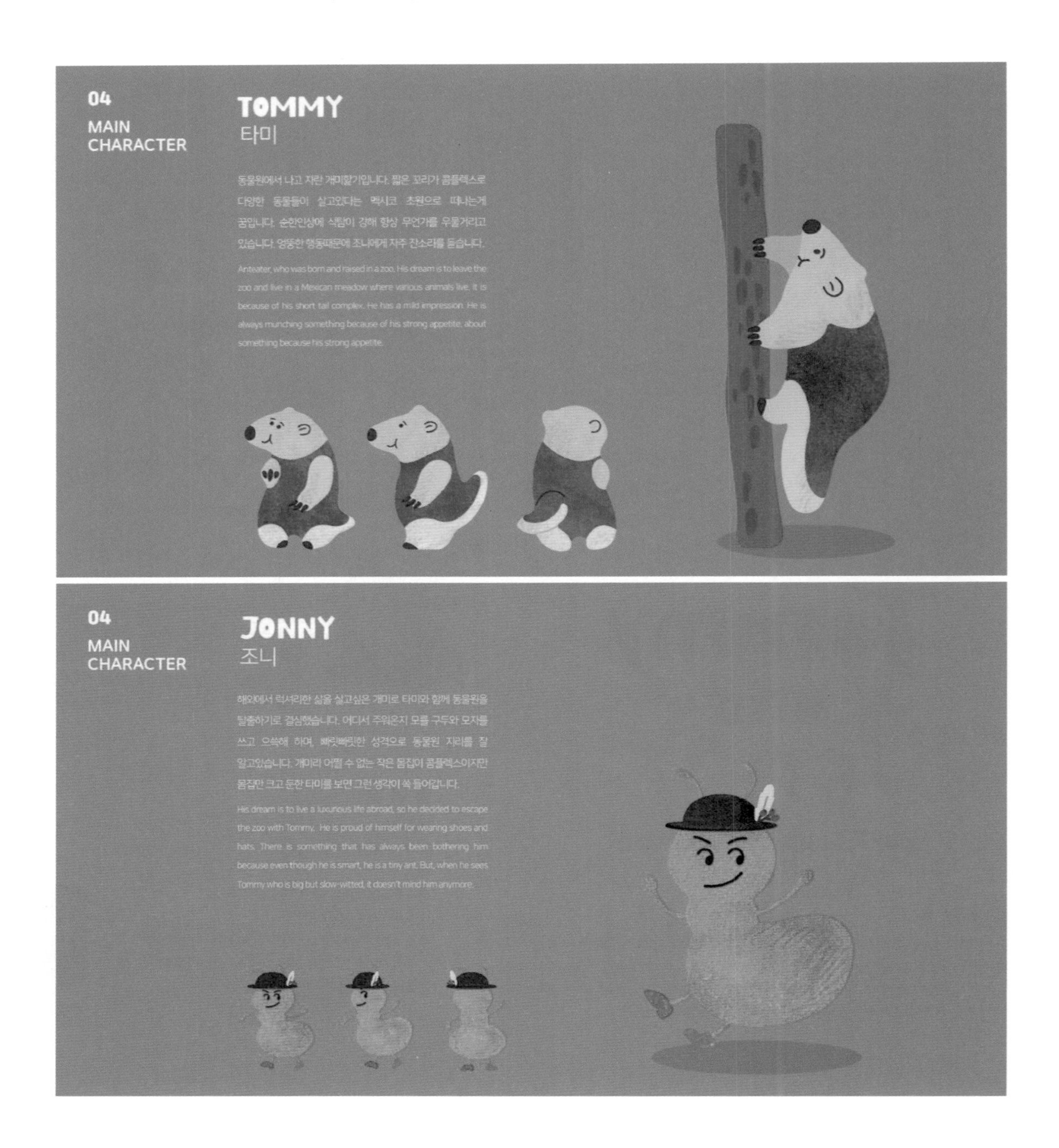

릭터의 성격과 특징을 잘 나타내는 동작으로 대표 이미지를 선택한 후, 스토리와 어울리는 배경을 함께 그려 완성한다.

6단계: 캐릭터 상품 이미지 제작

타깃층의 취향과 특성을 고려하여 캐릭터 상품을 제작해 본다. 실제 캐릭터 상품이 제작되면 어떤 모습일지 컴퓨터 프로그램을 사용하여 에코백, 문구류, 스마트폰 케이스, 머그컵 등 다양한 애플리케이션에 시뮬레이션해 본다.

01 일러스트를 활용한 에코백
02 캐릭터 요소가 들어간 USB

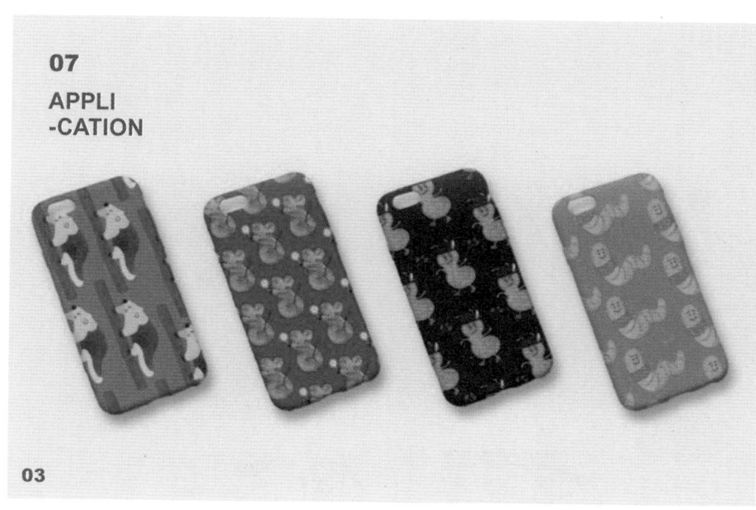

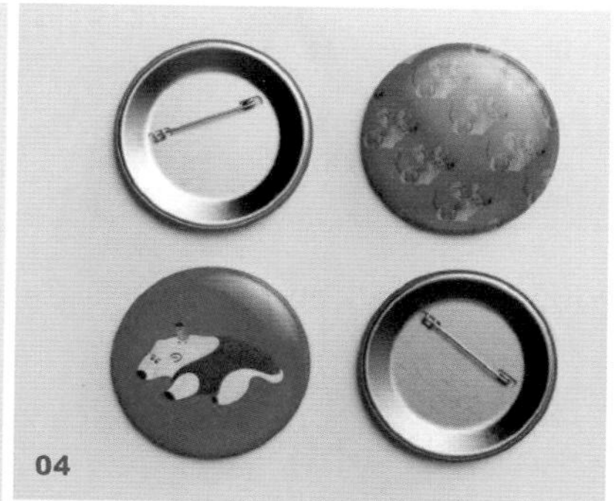

03 패턴을 활용한 핸드폰 케이스
04 캐릭터의 배치를 활용한 배지
05 캐릭터를 적용한 머그컵

06 일러스트 편지지
07 캐릭터 볼펜
08 로고를 활용한 노트

2 이모티콘 캐릭터 만들기

이모티콘 캐릭터 씨드와 감정 친구들(학생 작품)

이모티콘은 SNS 환경에서 사용자의 감정과 메시지를 상대방에게 효과적으로 전달하는 역할을 한다. 위의 작품 사례는 20~30대 직장인을 타깃으로 디자이너가 된 세 친구, 샤비, 투리, 페니의 캐릭터를 만들고 세 디자이너 친구들의 회사 생활이라는 주제로 이모티콘 24종을 디자인한 것이다.

나만의 이모티콘 캐릭터를 만들어 보고 다양한 플랫폼에 제안해 보자.

디자인 프로세스

1단계: 타깃 선정 및 콘셉트 정하기

누가 어떤 상황에서 사용할 이모티콘을 만들 것인지 생각해 보고 내가 만들고 싶은 스타일의 이모티콘 캐릭터 개발을 위해 필요한 자료를 수집한다. 타깃은 연령층으로 구분하여 정할 수도 있고, 커플이나 MZ세대, 직장인, 학생, 엄마와 딸, 현실 남매와 같이 특정한 대상으로 정할 수도 있다. 콘셉트는 귀여운, 재미있는, 엽기적인 등과 같이 구체적인 키워드로 표현할 수 있어야 하며, 크리스마스와 새해, 졸업 등과 같이 특정한 시즌을 콘셉트로 정할 수도 있다. 카카오톡 이모티콘의 경우 캐릭터 스타일과 연령대별 인기 이모티콘의 순위를 제공하고 있어 자료 수집 시 참고할 수 있다.

씨드와 감정 친구들 타깃 및 콘셉트 설정 사례

타깃 메신저를 사용할 때 요즘 세대의 감정 표현이 잘 들어간 이모티콘을 자주 사용하는 MZ세대층

콘셉트 사람들의 감정을 기반으로 제작된 표정, 말투, 몸짓으로 공감할 수 있는 귀여운 그래픽

스타일 설정 귀여우면서도 가끔은 어딘가 모를 엉뚱한 감성을 가지고 있는

스토리 구성 여느 때처럼 평범하게 생활하고 있던 씨드는 잠에서 깨어난 어느 날 자신의 곁에 범상치 않은 친구들이 나타난 것을 깨닫는다. 자신의 머릿속에, 마음속에 있던 감정들이 튀어나온 것이었고, 심지어 살아 움직이면서 말까지 하는 것이다! 평소 자신의 모든 모습을 마음껏 표출하는 것에 꿈이 있던 씨드는 새로 생겨난 감정 친구들의 행동을 보고 대리만족하기도 하고, 어쩔 땐 위안을 얻기도 하며 생활하게 된다.

2단계: 캐릭터 기본 설정

캐릭터의 소재, 사는 곳, 나이, 성격, 취미, 매력포인트, 주요 특징 등 캐릭터의 정체성을 설정한 후 어울리는 이름을 만들어 준다. 전 단계에서 설정한 캐릭터의 콘셉트와 아이덴티티에 따라 캐릭터의 형태, 신체 비율, 이목구비를 다양하게 스케치해 본다.

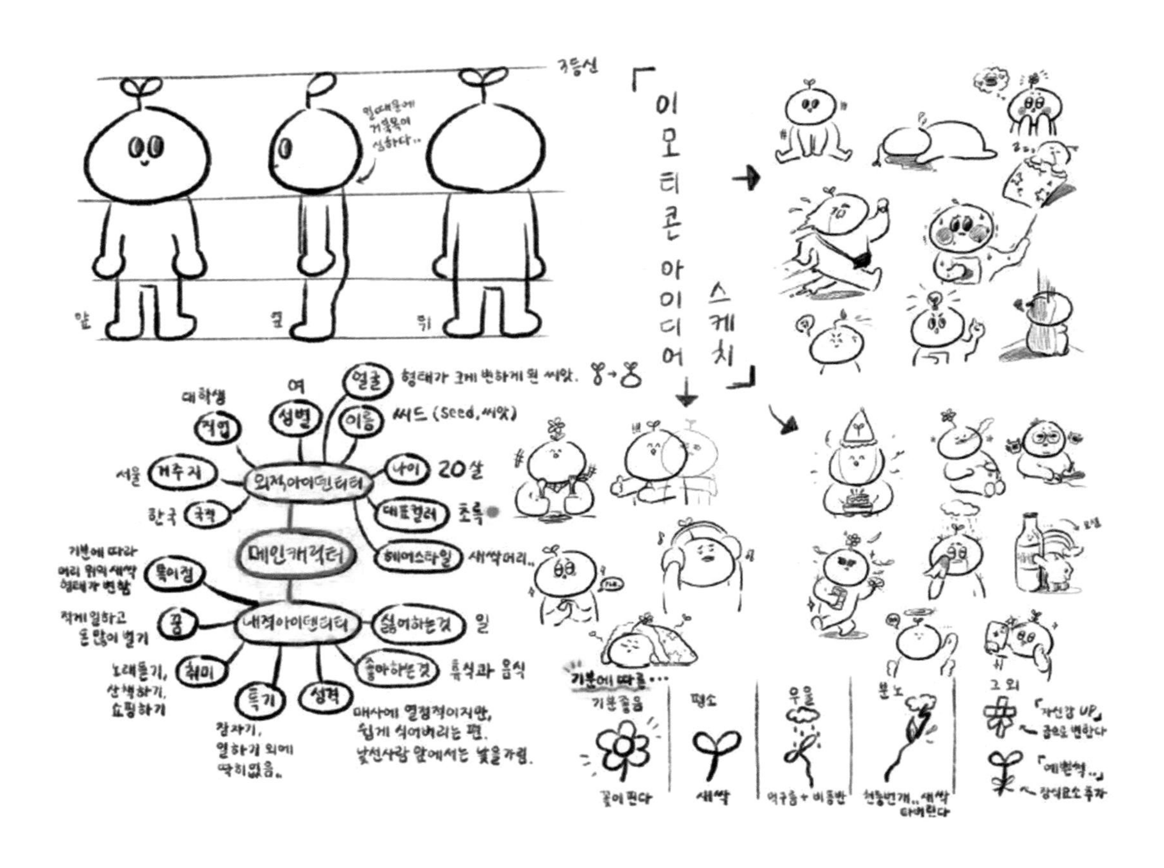

3등신
앞
옆
뒤
이모티콘 아이디어
스케치
얼굴
형태가 크게 변하게 된 씨앗.
여
성별
대학생
직업
이름
씨드 (Seed, 씨앗)
서울
거주지
외적아이덴티티
나이
20살
한국
국적
대표컬러
초록
메인캐릭터
헤어스타일
새싹머리..
기분에 따라
머리 위의 새싹
형태가 변함
특이점
적게 일하고
돈 많이 벌기
꿈
내적아이덴티티
싫어하는것
일
노래듣기,
산책하기,
쇼핑하기
취미
좋아하는것
휴식과 음식
특기
성격
잠자기,
일하기 외에
딱히없음..
매사에 열정적이지만,
쉽게 식어버리는 편.
낯선사람 앞에서는 낯을 가림.
기분에 따라…
기분좋음
꽃이 핀다
평소
새싹
우울
먹구름 + 비충만
분노
천둥번개.. 새싹
타버린다
그 외
「자신감 UP」
꽃으로 변한다
「예뻐져..」
장식요소 추가

씨드수정.
원본
③
몸통↓
얼굴메인
②
적용스케치

3단계: 캐릭터 디자인

캐릭터의 개성과 특징을 가장 잘 표현하는 스케치를 중심으로 의상과 소품, 헤어스타일, 색채, 질감 등을 정한다. 내가 제안하고자 하는 플랫폼의 배경색, 사용 환경 등을 고려하여 가독성을 높일 수 있는 색채와 그래픽 스타일을 선택하는 것이 좋다. 이모티콘 캐릭터의 아이덴티티와 스토리를 잘 설명해 주는 재미있는 제목과 캐릭터 소개글을 간단하게 작성한다.

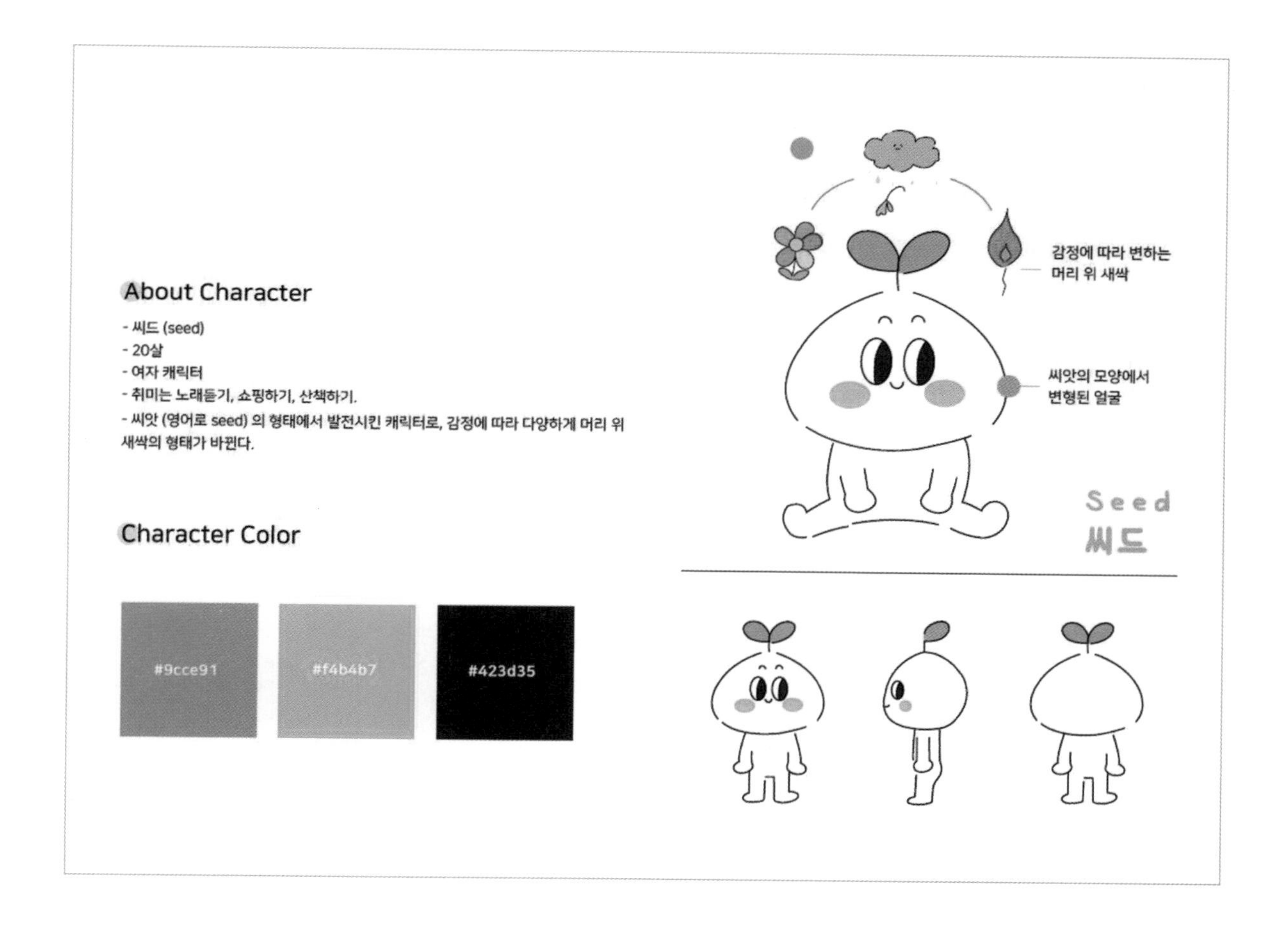

About Character

- 리프 (Leaf)
- 1살
- 여자 캐릭터
- 취미는 노래부르기, 춤추기
- 이파리에서 형태가 변형된 캐릭터로, 별다른 팔 다리 없이 머리 (이파리) 를 이용하여 공중에 떠다닌다.

이파리로 공중을 날아다님.

새싹의 모양에서 변형된 얼굴

Leaf
리프

Character Color

About Character

- 샤이 (shy)
- 3살
- 여자 캐릭터
- 취미는 책읽기, 글쓰기, 조용한 노래듣기.
- 소심한 감정을 가진 캐릭터로, 화분에서 잘 나오지 않으며 모든 행동을 화분 안에 숨어서 소심하게 바라본다. 조용한 성격이며 관찰하기를 좋아하는 편.

Character Color

4단계: 이모티콘 디자인하기

캐릭터의 기본 자세와 턴어라운드를 기반으로 이모티콘 디자인 24종을 디자인해 본다. 일상적인 대화에서 자주 사용하는 인사, 감사, 행복, 놀람 등의 메시지를 중심으로 관련 동작을 표현해 본다. 감정과 메시지가 중복되지 않도록 구성하고 유사한 동작이 많지 않은지 점검해 보며 진행한다. 이모티콘의 크기는 각 플랫폼의 규격대로 디자인하되 모바일 화면에서 잘 보일 수 있도록 단순하고 명확하게 표현한다. 메시지 전달을 위해 보조 그래픽 요소나 간단한 텍스트를 추가하는 것도 가능하다.

5단계: 캐릭터 로고 디자인하기

캐릭터의 기본 설정에 따라 캐릭터의 개성과 스토리의 특징을 잘 나타내 주는 캐릭터 로고를 디자인한다. 캐릭터의 외적 이미지 또는 아이덴티티를 반영하는 조형 요소를 추가하는 것도 가능하다.

6단계: 다양한 매체에 적용해 보기

완성한 이모티콘 캐릭터를 엽서, 노트, 달력, 스마트폰 케이스, 이모티콘 숍 화면 이미지, 가방 등 다양한 매체에 적용해 본다. 내가 만든 이모티콘 디자인을 실제 플랫폼에 직접 제안해 보는 것도 좋다. 각 플랫폼마다 심사 후 수정 작업을 거쳐 판매할 수 있는 기회를 얻을 수 있다.

이모티콘 제안 가능 플랫폼 및 홈페이지

카카오 이모티콘 스튜디오 emoticonstudio.kakao.com
라인 크리에이터스 마켓 creator.line.me/ko/
네이버 밴드 스티커샵 partners.band.us/partners/sticker
OGQ 크리에이터 스튜디오 creators.ogq.me/

이모티콘 작업 시 유의사항

- 희로애락과 같은 기본 감정과 인사, 감사 등과 같이 SNS상에서 자주 사용하는 이모티콘이 포함되었는지 점검해 본다.
- SNS 환경에서 캐릭터가 배경색과 구분되어 보일 수 있도록 색채 및 외곽선 유무를 결정한다.
- 저작권을 침해하거나 미풍양속을 저해하는 내용은 금지한다.
- 이모티콘은 플랫폼에 따라 개수와 크기 등이 다르기 때문에 사전에 규격을 확인해야 한다. 예를 들어 카카오톡의 경우, 이모티콘 크기를 360 × 360px로 규정하고 있다.

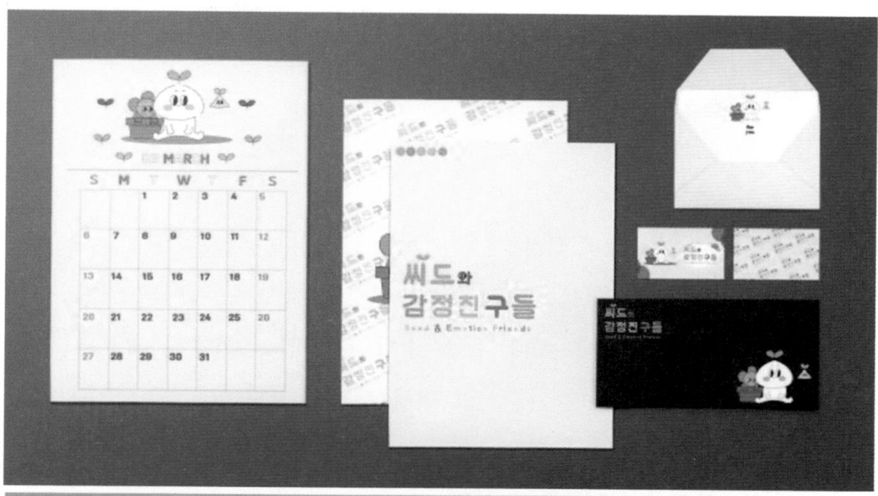

3 게임 캐릭터 만들기

에더별의 용사님

게임 캐릭터 에더별의 용사님
(학생 작품)

디자인 프로세스

1단계: 주제 선정 및 스토리 작성

어떤 유형의 게임 캐릭터를 만들 것인지 생각해 보고, 캐릭터의 소재, 타깃 유저층(예: 전 연령층, 10대~20대) 등을 정한다. 게임의 시대적 배경과 장소, 플레이 방식 등을 토대로 간단한 스토리를 작성해 본다.

2단계: 마인드맵 및 디자인 콘셉트 설정

마인드맵을 통해 캐릭터의 외적 및 내적 아이덴티티에 대해 생각나는 대로 적어 본다. 떠오르는 이미지가 있다면 간단히 스케치해 보는 것도 좋다. 마인드맵의 핵심 키워드를 중심으로 메인 캐릭터와 서브 캐릭터의 소재, 색상, 이름, 성격, 특징 등을 구체화하여 한두 문장으로 작성한다.

3단계: 아이디어 스케치

전 단계에서 설정한 캐릭터의 아이덴티티와 콘셉트에 따라 아이디어 스케치를 진행한다.

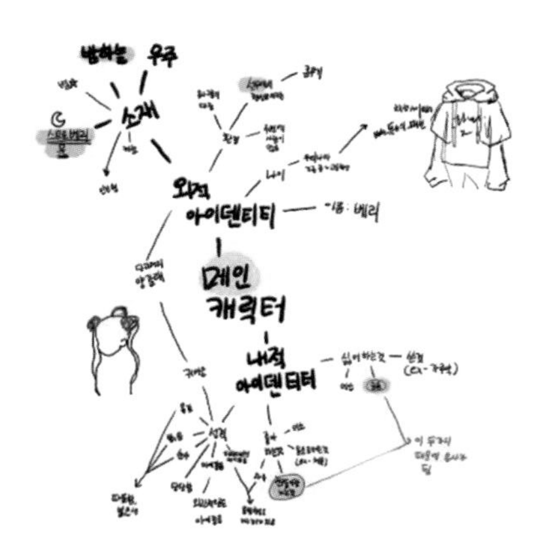

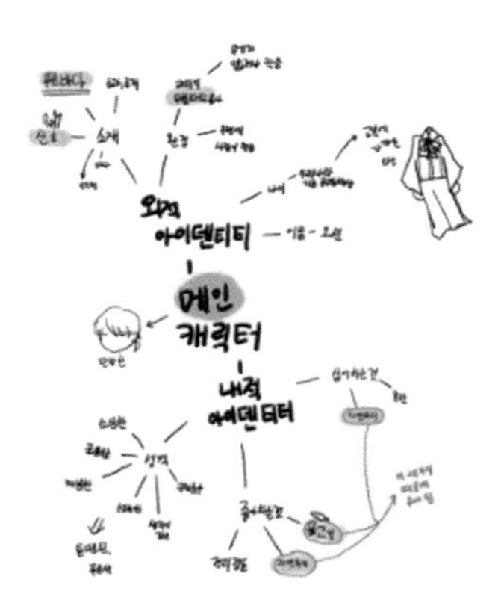

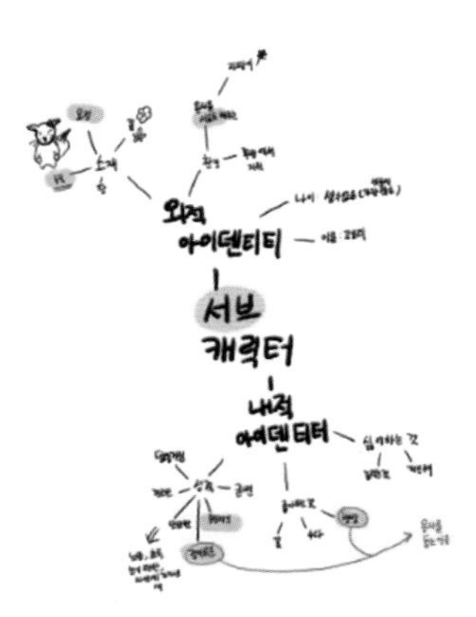

BERRY

- 키워드: 밝음, 밤하늘, 스트로베리 문, 아이 같음
- 주요 소재: 하늘과 스트로베리 문
- 주요 색상: 붉은색
- 밝은 성격을 가졌고 아이 같은 모습을 자주 볼 수 있다.

OCEAN

- 키워드: 성숙한, 소심한, 푸른 바다, 산호
- 주요 소재: 푸른 바다와 산호
- 주요 색상: 푸른색
- 성숙하지만 조금 소심하다.

PERRY

- 키워드: 친근한, 동물, 땅, 꽃
- 주요 소재: 땅과 꽃, 동물
- 주요 색상: 노랑 계열
- 용사를 돕는 요정으로 친근한 성격이다.

BERRY

이름: 베리
설정: 인간이며, 여성이다. 용감하고 밝으며 제멋대로인 면이 조금 있는 그 나이 때 아이의 성격을 가졌다. 사용하는 무기는 망치이다.

OCEAN

이름: 오션
설정: 인간이며, 남성이다. 조금 소심하고 조용하지만 차분하고 생각이 깊은 성숙한 모습을 자주 보여 준다. 사용하는 무기는 검이다.

PERRY

이름: 페리
설정: 종족은 용이며, 베리와 오션을 돕는 요정이다. 오래전부터 행성의 위기와 맞서 싸우는 용사들을 도와 왔다.

4단계: 캐릭터 디자인

컴퓨터 프로그램을 사용하여 캐릭터를 채색하여 완성한다. 캐릭터의 정체성과 게임의 특성을 고려하여 다양한 표정과 동작을 추가한다. 아이템이나 능력 표현, 도구, 의상 등 콘텐츠에 따라 필요한 그래픽을 함께 디자인한다.

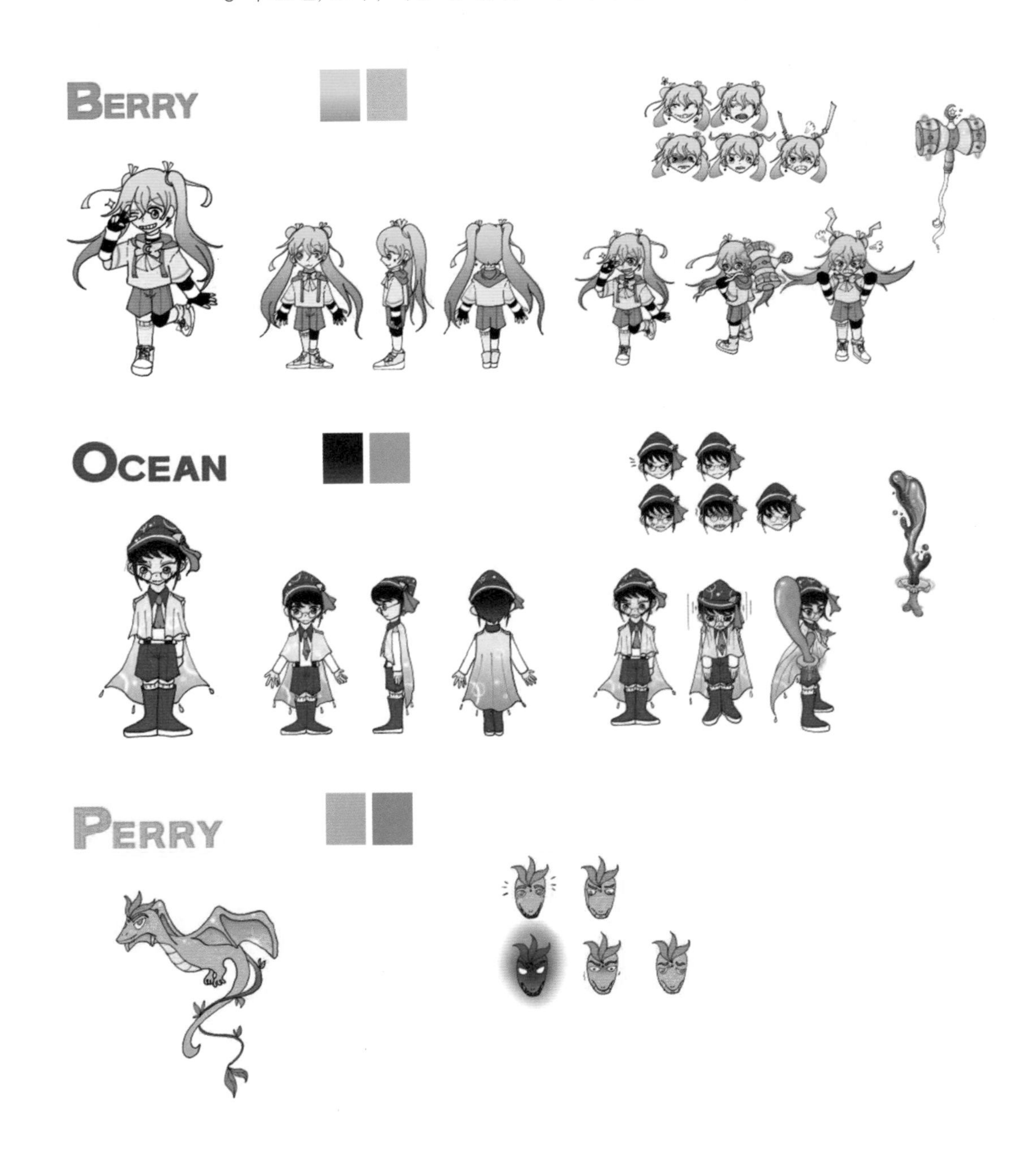

5단계: 게임 타이틀 및 플레이 화면 디자인

게임 스토리와 어울리는 타이틀을 디자인하고 게임 플레이 화면을 디자인하여 완성한다. 모바일 게임인 경우 앱 아이콘도 함께 디자인한다.

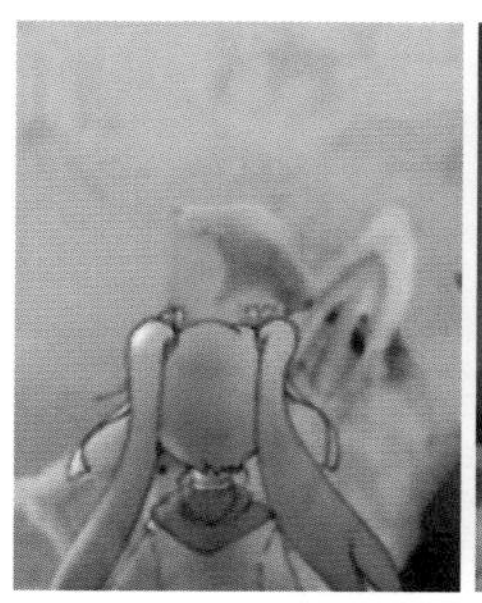

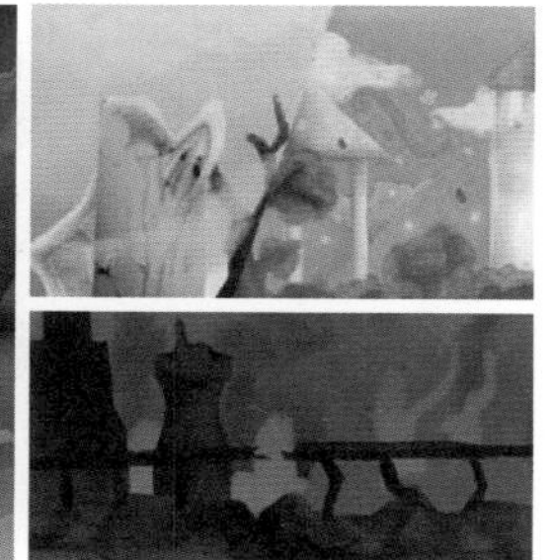

6단계: 캐릭터 상품 모크업 제작

전 단계에서 완성한 게임 타이틀, 메인 캐릭터와 서브 캐릭터, 배경 일러스트 등을 활용하여 그립톡, 스마트폰 케이스, 머그컵, 노트, 달력, 배지, 엽서 등 다양한 상품 모크업을 제작해 본다.

4 웹툰 캐릭터 만들기

웹툰 '단 하루만 더' 캐릭터 디자인(학생 작품)

디자인 프로세스

1단계: 주제 선정 및 리서치

관심 있는 소재를 중심으로 주제를 선정하고 타깃 및 트렌드 분석, 레퍼런스 자료를 수집한다. 내가 표현하고 싶은 표현 기법, 소재, 색채, 그림 스타일 등을 함축하는 한 장의 무드 보드를 만들어 본다.

'단 하루만 더' 웹툰 주제 및 타깃 설정

타깃(Target) 지친 마음을 힐링받고 싶은 10대 후반~20대 초반의 사람들
주제(Subject) 삶의 가치와 행복
장르(Genre) 일상, 힐링

2단계: 스토리 구상 및 플롯/시놉시스 작성

스토리를 구상하고 기승전결, 처음-중간-끝 등의 구조로 스토리를 짜임새 있게 구성한다. 각 컷에 들어갈 그림과 대사의 분량을 고려하며 텍스트 콘티/각본을 작성해 본다. 스토리보드 형식으로 러프하게 스케치를 그려 보는 것도 좋다.

#1 밝은 성격의 소녀 '하루'는 고등학교에 입학한 이후로 부정적인 감정에 삼켜져 감
#2 어느 날 죽기로 결심하고 수면제를 구입하기 위해 근처의 아무 약국이나 들어감
#3 하루약국의 주인이자 약사인 동그랗고 작은 새 '오늘'을 만남
#4 오늘은 하루의 문제를 알아차리고 수면제 대신 '한 알이면 잠든 사이 편하게 죽음에 이를 수 있는 약'을 건넴
#5 하루는 그 약을 먹었지만 오늘에게 속았다는 것을 알게 되고 다시 약국을 찾아감
#6 하루는 자신이 먹은 약이 먹은 다음 날 밤에 효과가 나타난다는 설명을 듣게 되고, 오늘은 새로운 약을 보여 주며 이 약을 먹으면 죽음의 시간을 하루씩 늦출 수 있다는 제안을 함

하루는 그렇게 매일 새로운 마지막 하루를 얻게 됩니다.

3단계: 캐릭터 디자인

메인 캐릭터와 서브 캐릭터의 아이덴티티를 정의하고 아이디어 스케치를 전개한다. 캐릭터의 성격과 특징에 따라 신체 비율, 헤어스타일, 의상, 이목구비 등을 다양하게 스케치해 본 후, 컴퓨터 프로그램을 사용하여 캐릭터 디자인을 완성한다. 캐릭터 기본형과 함께 캐릭터의 이름, 성별, 나이, 취미, 키, 성격 등을 포함하여 프로필을 작성한다.

메인 캐릭터의 아이디어
스케치 과정입니다.
기획과정부터 3등신의 사람
캐릭터로 만들어졌으며
머리 모양의 디테일과 옷에
변화가 있었습니다.

서브 캐릭터의 아이디어 스케치 과정입니다. 동그란 모양의 새 캐릭터를 만들고 싶다는 생각에서 출발하여 굉장히 다양한 모양이 나왔습니다. 두 번째 서브 캐릭터는 사람의 형태도 될 수 있어 사람의 형태를 먼저 스케치한 후 특징적인 부분을 새 형태일 때의 모습에도 똑같이 적용하는 방식으로 만들어졌습니다.

Main Character

" 매일을 웃는 하루로 만들자! "

단하루

나이 19　　성별 여
직업 학생　　국적 대한민국
키 160cm　　몸무게 57kg
거주지 도시의 평범한 아파트촌

잔머리 한 가닥

얼굴이 동그랗고 왼쪽
눈 아래에 점이 있음

중단발 정도의 팥색머리

- 밝고 명랑하며, 친구들에게 웃음을 주는 것을 좋아한다!
- 좋아하는 노래 듣기, 영화 보기를 좋아하고 창의력이 좋다
- 미소 뒤에 숨은 약한 마음과 우울함이 있다
- 늦잠 자는 것과 자꾸 부정적인 태도를 가지는 습관을 고치고 싶어 한다

빨간 물건을 좋아함

Sub Character

" 그냥 오늘을 살자. "

오늘

나이 ?　　성별 남
직업 약사　　국적 대한민국
키 25cm　　몸무게 5kg
거주지 하루약국

매일이 새로 태어나는 생일 같은 날이기를
바라는 마음으로 쓴 생일 파티용 고깔 모자

동그랗고 두꺼운 안경

연둣빛의 동글새 종족
털이 쪄서 발이 잘 보이지 않는다

- 냉철하지만 따뜻한 속마음을 가져 하루를 돕는다
- 안경에 먼지가 묻는 것과 징그럽고 무서운 것, 벌레를 싫어한다
- 칼 같은 퇴근과 따뜻한 찹쌀떡을 세상에서 가장 사랑한다!
- 안경 속에 심각하게 귀여운 외모를 감추고 있다

Sub Character

" 난 내일도 재미있는 일이 잔뜩 있걸랑! "

미래

나이 22세　　성별 여
직업 하루약국 알바
국적 대한민국
키 170cm　　몸무게 50kg
거주지 하루약국 근처 원룸

진한 분홍색의 머리카락, 긴 앞머리가
튀어나옴

헤어 액세서리와 깃털 모양 귀걸이

분홍빛의 동글새 종족
털이 오늘보다도 많이 쪄 있다

- 오래전 오늘에게 도움을 받고 새로운 희망을 얻은 동글새
- 인간으로 변신하는 것이 능숙하여 하루약국에서 아르바이트 중
- 쿨하고 시원시원한 성격으로 하루에게 든든한 친구가 되어 준다!
- 맛있는 음식과 오늘에게 스트레스를 주는 신나는 사건을 만들기를 좋아한다
- ~걸랑, ~용으로 끝나는 말을 자주 한다

4단계: 컷 분할 및 적용

내용에 따라 4컷, 6~8컷, 10컷 등 컷 분할을 하고, 전 단계에서 완성한 콘티/스토리보드와 캐릭터 디자인을 적용한다.

#처음 보는 곳

#수상하다

#상상도 못한 정체

5단계: 웹툰 타이틀 디자인

웹툰 스토리와 캐릭터 디자인과 조화로운 서체와 색채를 사용하여 웹툰 타이틀을 디자인한다. 캐릭터와 타이틀, 배경을 조화롭게 배치하여 표지와 메인 이미지 등을 완성해 본다.

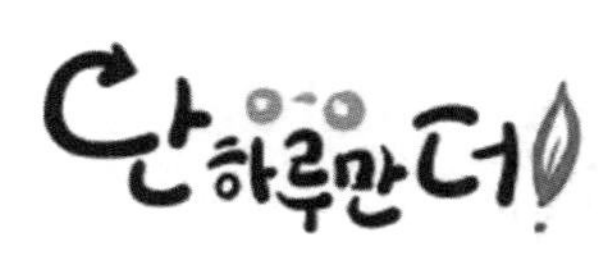

이달의 신규 웹툰

단 하루만 더

죽기로 결심한 고등학교 3학년 하루,
수면제를 사려다 초깜찍 약사를 만나버렸다...

6단계: 캐릭터 상품 디자인

웹툰 스토리와 캐릭터의 성격, 타깃층의 특성 등을 고려하여 메모지, 스티커, 다이어리, 스탬프, 쿠션, 에코백, 머그컵, 핸드폰 케이스, 우산, 티셔츠 등 다양한 캐릭터 상품을 디자인해 본다.

브랜드 캐릭터 만들기 5

브랜드 캐릭터 던킨 빌리지
(학생 작품)

브랜드 인지도를 높이고 소비자에게 친근감 있게 다가갈 수 있는 브랜드 캐릭터를 만들어 보자.

디자인 프로세스

1단계: 자료 수집 및 콘셉트 방향 설정

캐릭터를 만들고 싶은 브랜드를 한 가지 선택한 후, 브랜드의 핵심 가치와 아이덴티티, 타깃층의 연령, 성별, 특징 등에 대해 조사하고 필요한 자료를 수집한다. 브랜드의 정체성을 담은 캐릭터의 소재, 색채, 표현 방법, 성격 등의 디자인 콘셉트 방향에 대해 생각해 본다.

2단계: 캐릭터 아이덴티티 및 스토리 구성

브랜드 아이덴티티에 기반하여 캐릭터의 이름과 성격, 나이, 국적, 취미 등을 정의하고 캐릭터 스토리를 간단히 작성한다. 던킨 빌리지의 경우, 던킨도너츠의 타깃층인 10대 중고등학생이 좋아할 만한 귀엽고, 장난스러운 캐릭터를 만들기로 기획하였고, 영업 시간이 끝난 뒤 매장의 도넛과 쿠키 등이 캐릭터로 깨어나 활동한다는 스토리를 구성하였다.

3단계: 아이디어 스케치

전 단계에서 도출한 캐릭터 아이덴티티와 스토리에 어울리는 캐릭터 아이디어 스케치를 다양하게 진행한다. 브랜드를 인지할 수 있도록 브랜드의 상징색이나 로고, 심벌 등을 의도적으로 포함하여 디자인할 수도 있다.

4단계: 캐릭터 디자인 채색 및 프로필 완성

전 단계의 아이디어 스케치 중에서 캐릭터의 개성을 가장 잘 표현한 것을 중심으로 기본형을 채색하여 완성한다. 캐릭터 턴어라운드와 함께 캐릭터의 이름, 나이, 성격, 특징, 콤플렉스 등을 작성하여 프로필을 완성한다.

캐릭터 프로필

이름 츄
나이 오븐생활 17년 차
성격 긍정적이고 해맑다(웃음이 많다)
특징 도넛 모양의 튜브를 늘 끼고 다닌다(탈부착)

좋아하는 것 시나몬향 물건 모으기(캔들, 향수 등)
콤플렉스 바다와 같이 넓고 깊은 물을 무서워한다

이름 토핑
나이 오븐생활 15년 차
성격 뭐든 다 사랑하는 순수하고 밝은 성격
특징 머리의 크림은 기분에 따라 맛을 바꿀 수 있다

좋아하는 것 핑크색 말고는 분야에 상관없이 좋아하는 게 매일 바뀐다(금사빠)
콤플렉스 눈치가 없다

이름 도우즈 (버터 / 코코아 / 머랭)
나이 오븐생활 10년 차
성격 활발하고 매우 장난스러워 사고를 많이 치고 다닌다
특징 혼자 있을 땐 소심하지만 뭉치면 자신감과 용기가 넘친다

좋아하는 것 설탕과자와 시럽 먹기(활동량이 많아 당이 떨어져서)
콤플렉스 작은 키

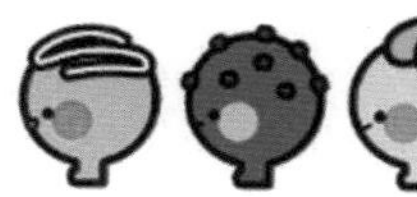

이름 슈
나이 오븐생활 16년 차
성격 겁이 많고 소심하다
특징 온도 조절이 되는 컵 속에 들어가서 생활한다
겁이 많지만 무서운 영화는 잘 본다

좋아하는 것 책 읽기, 먹는 것(쌍둥이 '크림'과 맛집 탐방을 자주 다닌다)
콤플렉스 통통한 체형, 까만 피부

5단계: 로고 디자인

캐릭터 타이틀과 슬로건을 결정한 후, 디자인 콘셉트 방향에 따라 로고 디자인을 진행한다. 브랜드 로고와 조화로울 수 있도록 사용한 서체의 종류와 색채 등을 참고한다.

6단계: 애플리케이션 적용

브랜드 홍보를 위해 내가 만든 캐릭터를 다양한 애플리케이션에 적용해 본다. 타깃층의 특성을 고려하여 캐릭터가 소비자와 다양한 매체를 통해 만나며 유대감을 형성할 수 있도록 한다.

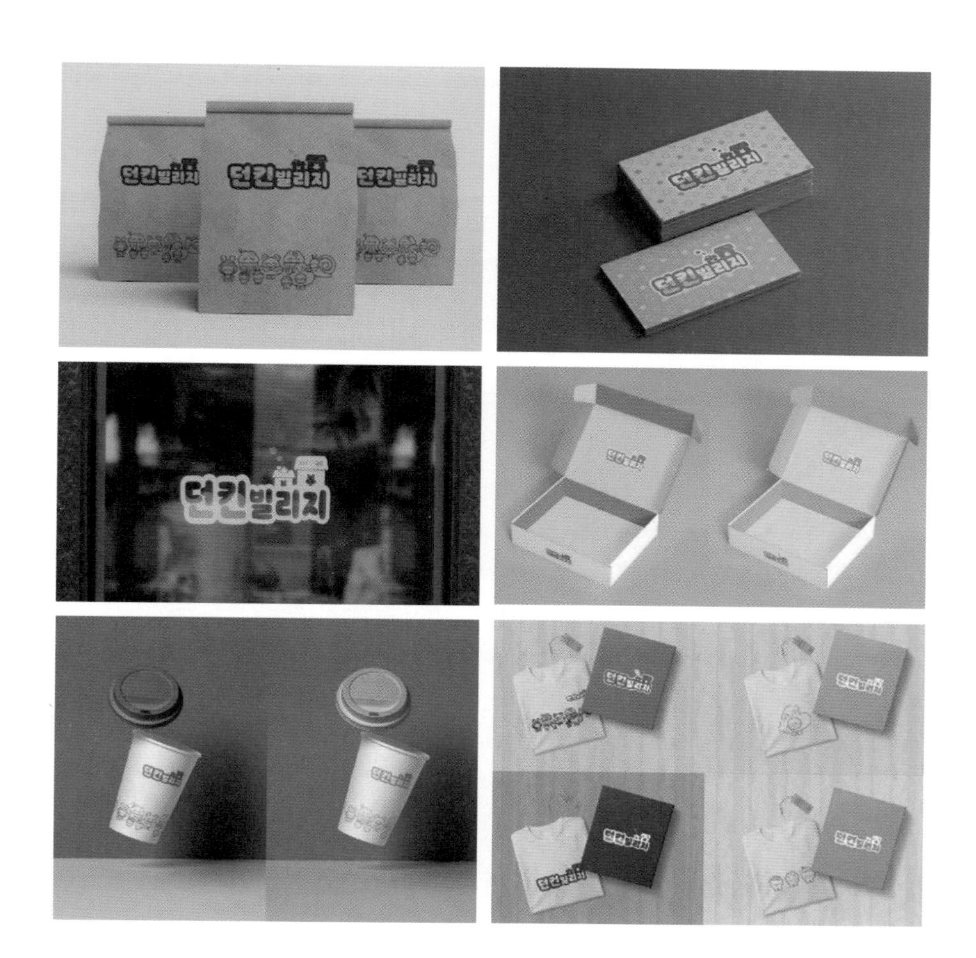

PREFACE
CONTENTS
SOURCE
REFERENCE

사진 및 이미지 출처

CHAPTER 1

p. 19: https://www.joongang.co.kr/article/21050974, http://www.koreapost.com/news/articleView.html?idxno=23534

p. 25: 위키피디아

p. 29: George Sheldon/Shutterstock.com, rblfmr/Shutterstock.com

p. 30: tanuha2001/Shutterstock.com, infinindy/Shutterstock.com, EQRoy/Shutterstock.com, Mon_camera/Shutterstock.com, Drakonyashka/Shutterstock.com, Windyboy/Shutterstock.com

p. 33: 경찰청 웹사이트, solomon7/Shutterstock.com

p. 43: https://blog.naver.com/youngkbblog/221725975135, https://www.ekn.kr/web/view.php?key=417563, https://blog.naver.com/samyangfoods

p. 47: Naumova Ekaterina/Shutterstock.com

p. 49: https://news.g-enews.com/view.php?ud=201708181711362449bdce8ae77_1&md=20170819100536_S, https://fashionseoul.com/144471, Seita/Shutterstock.com

p. 50: 교보문고 웹사이트, http://www.tmon.co.kr/deal/2339217158, https://www.hankyung.com/it/article/202102162585v, https://www.youtube.com/c/APOKITV, https://www.mk.co.kr/news/economy/view/2021/07/711208/, https://www.bbc.com/korean/news-46176102

p. 53: https://www.shinsegaegroupnewsroom.com/27988/, https://www.lotteworld.com/app/giftShop/view.asp?cmsCd=CM0060&ntNo=66&pUseYn=Y&pPstnCd=&pSrc=&pSrcTemp=, https://m.etnews.com/20191217000115

p. 55: Lifestyle Travel Photo/Shutterstock.com, 2p2play/Shutterstock.com

CHAPTER 2

p. 63: 교보문고 웹사이트

p. 64: Wisnu Bangun Saputro/Shutterstock.com, 교보문고 웹사이트

p. 67: https://news.kotra.or.kr/user/globalAllBbs/kotranews/album/2/globalBbsDataAllView.do?dataIdx=182745

p. 76: http://molange.co.kr/molang/

CHAPTER 3

p. 88: 네이버 지식백과

p. 89: https://terms.naver.com/entry.naver?cid=41991&docId=2070205&categoryId=41991

p. 92: 아이러브캐릭터. 2008년 2월호. "Focus 쉬운 듯 쉽지 않은 캐릭터 네이밍"에서 재구성

p. 111: dean bertoncelj/Shutterstock.com

p. 113: 서울특별시 상수도사업본부 웹사이트, 교보문고 웹사이트

p. 128: tulpahn/Shutterstock.com

p. 141: www.hankyung.com/economy/article/2021072162356

p. 143: Trismegist san/Shutterstock.com, MooNam StockPhoto/Shutterstock.com

p. 147: Sarunyu L/Shutterstock.com

p. 148: https://movie.naver.com/movie/bi/mi/basic.naver?code=45194

p. 149: Evelina Shu/Shutterstock.com

p. 151: avelyn/Shutterstock.com

p. 152: Diego Thomazini/Shutterstock.com

p. 156: Nicescene/Shutterstock.com

p. 164: Sarunyu L/Shutterstock.com

p. 165: rd.jimenez/Shutterstock.com

p. 166: Alexandros Michailidis/Shutterstock.com, https://movie.naver.com/movie/bi/mi/basic.naver?code=118966

p. 169: www.dofala.co.kr

p. 170: Rio Agung Setyawan/Shutterstock.com, Brenda Rocha-Blossom/Shutterstock.com, ko.wikipedia.org/wiki/파일:Peter-rabbit.PNG, https://movie.naver.com/movie/bi/mi/basic.naver?code=172816, https://movie.naver.com/movie/bi/mi/basic.naver?code=212095, https://movie.naver.com/movie/bi/mi/basic.naver?code=154226

p. 171: RoseStudio/Shutterstock.com, tulpahn/Shutterstock.com

p. 172: www.doosanbears.com/doosan/bi

p. 173: www.youtube.com/watch?v=HEoUhlesN9E&t=24s

p. 188: https://www.koda1458.kr/newKoda/character.do

CHAPTER 4

p. 203: www.dofala.co.kr

p. 205: www.adobe.com/kr/products/animate.html, www.adobe.com/kr/products/character-animator.html

p. 206: https://procreate.art

p. 207: https://clipstudio.net/kr

p. 208: https://www.blender.org

p. 210: https://www.dragonframe.com

p. 211: https://cateater.com

p. 212: enchanted_fairy/Shutterstock.com

p. 213: Roaming Panda Photos/Shutterstock.com, Ned Snowman/Shutterstock.com

p. 215: 경찰청 웹사이트

p. 217: rvlsoft/Shutterstock.com

p. 218: 교보문고 웹사이트

p. 220: https://www.koda1458.kr/newKoda/character.do

작품 참여 학생

강보라, 강서진, 김나영, 김정원, 김혜원,
노현영, 문주열, 박신이, 박아현, 박주니,
박찬빈, 이다인, 이서진, 이재희, 이주안,
이채연, 임아인, 장수민, 정재희, 조소현,
최지윤, 한도희, 황서현

참고문헌

단행본

김난도 · 전미영 · 이향은 · 이준영 · 김서영 · 최지혜(2016). 트렌드 코리아 2017: 서울대 소비트렌드 분석센터의 2017 전망. 서울: 미래의창.

김영재 · 김종세(2019). 캐릭터 라이선싱. 서울: 커뮤니케이션북스.

Don Richard Riso · Russ Hudson(1999). 주혜명 역(2000). 에니어그램의 지혜. 서울: 한문화.

루돌프 아른하임(1969). 김춘일 역(1995). 미술과 시지각. 서울: 미진사.

류은희(2018). 공공 캐릭터. 서울: 커뮤니케이션북스.

류은희(2021). 도시와 캐릭터. 서울: 커뮤니케이션북스.

몽냥 이수경(2019). 인스타그램으로 웹툰 작가되기. 서울: 보라빛소.

문은배(2011). 색채디자인 교과서. 파주: 안그라픽스.

박영순 · 이현주 · 이명은(2007). Color Design Project 14. 파주: 교문사.

신재욱(2008). 캐릭터 완전정복: 캐릭터 전문가로 도약하는 캐릭터 지침서. 파주: 사이버출판사.

신홍주(2019). 의인화 캐릭터. 서울: 커뮤니케이션북스.

이재원(2021). 나의 첫 메타버스 수업. 서울: 메이트북스.

전재혁 · 박경철(2005). 만화 · 애니메이션 · 캐릭터 · 영상 기호론. 서울: 만남.

정수진(2019). 가장 쉬운 이모티콘 만들기. 서울: 정보문화사.

황선길(1999). 애니메이션의 이해. 서울: 디자인하우스.

황정혜 · 오상은 · 석금주 · 박가미(2019). 디자인 수업. 파주: 교문사.

논문

공현희(2010). 행위소 모형과 에니어그램으로 본 캐릭터의 역할과 성격의 상관성 연구: 애니메이션의 표현양상을 중심으로. 중앙대학교 대학원 박사학위논문.

곽소정 · 권지은(2015). 모바일 소셜 네트워크 게임(SNG)의 캐릭터 디자인 분석. 한국컴퓨터게임학회논문지, 28(2), 129-139.

김가이 · 문철(2019). 서책형 · 디지털 교과서 캐릭터의 조형적 특성에 관한 연구－국내외 초등학교 교과서를 중심으로. 기초조형학연구, 20(1), 49-60.

김나래(2019). 소셜 미디어 커뮤니케이션을 위한 지자체캐릭터 디자인 연구: 강릉시 캐릭터 디자인 개발을 중심으로. 이화여자대학교 디자인대학원 석사학위청구논문.

김미림(2011). 카툰캐릭터의 개념과 2등분 유형의 구조. 한국콘텐츠학회지, 9(3), 28-36.

김설리 · 김남훈(2015). 애니메이션에 나타난 조연캐릭터의 색채사용에 관한 연구. 한국색채학회논문집, 29(3), 87-96.

김세희 · 조동민(2019). 오버워치 캐릭터 디자인 요소 분석. 2019 한국기초조형학회 추계 국제학술대회 발표논문집, 171-174.

김승현(2013). 기본도형(원형, 사각형, 삼각형)을 통한 캐릭터 디자인 및 스토리텔링 분석－픽사의 장편 애니메이션 'UP'에 대한 분석을 중심으로. 기초조형학연구, 14(3), 41-50.

김유진 · 김유미 · 김승인(2014). 모바일 인스턴트 메신저에서의 감정 표현 기능에 관한 비교 연구－카카오톡과 프랭클리 챗을 중심으로. 디지털디자인학연구, 14(3), 73-82.

김재인(2006). 캐릭터 분석을 통한 캐릭터 작법 연구－애니메이션 캐릭터를 중심으로. 상명대학교 디지털미디어대학원 석사학위논문.

김준수(2010). 캐릭터 디자인의 조형성에 관한 고찰－인지도 높은 캐릭터의 눈 디자인을 중심으로. 디지털디자인학연구, 10(3), 73-81.

김지애 · 조동민 · 홍찬석 · 정성환(2002). 비례변형을 통한 효과적 캐릭터이미지 표현방안. Archives of Design Research, 74-75.

김해수 · 김석래(2014). 유아동 TV애니메이션의 캐릭터 성별에 따른 색채 분석. 디지털디자인학연구, 14(4), 59-68.

김혜성(2016). 조형성의 시각인지요소를 통한 캐릭터 분석－3D 애니메이션 〈인사이드 아웃〉와 〈미니언즈〉의 캐릭터를 중심으로. 만화애니메이션연구, 42, 53-79.

김흥중 · 이해만(2015). TV광고에 있어서 캐릭터의 형태 비율과 내러티브 관계 연구. 디지털디자인학연구, 15(3), 911-920.

문정유 · 임춘배(2018). 캐릭터 설정을 활용한 캐릭터 디자인교육 프로그램 개발 연구. 미술교육연구논총, 54, 177-220.

박가람 · 김관배(2014). 캐릭터 디자인 수업에서 인물 캐릭터(얼굴) 이미지에 따른 색채적용에 관한 연구. 디지털디자인학연구, 14(4), 79-90.

박경철(2009). 문화콘텐츠 캐릭터의 네이밍 개발을 위한 방법 연구. 만화애니메이션연구, 15, 193-206.

박민주(2006). 애니메이션 제작을 위한 캐릭터 디자인의 형(形)적 접근방법에 관한 연구－미국 애니메이션 제작사의 캐릭터 개발 사례를 중심으로. 기초조형학연구, 7(3), 275-283.
박주현 · 흥동식(2018). 컨템포러리 아트에 반영된 캐릭터디자인의 경향에 관한 고찰. 한국디자인포럼, 23(4), 197-206.
박희현 · 서갑열(2014). 비언어 커뮤니케이션 관점에서 바라본 문화 관광 애플리케이션 캐릭터 디자인 연구 – '내 손안의 경복궁' 캐릭터 제작 과정을 중심으로 –. 디자인융복합연구, 13(3), 173-186.
서인숙(2019). 이모티콘 스타일 디자인 개발을 위한 실증연구. 융복합지식학회논문지, 7(4), 115-124.
신정은 · 윤주현(2017). 감성 커뮤니케이션을 위한 이모티콘 디자인 요소에 관한 연구. 기초조형학연구, 18(6), 351-362.
양혜인 · 이수진 · 김수정(2017). 이모티콘 컨텍스트에 의한 감정 커뮤니케이션 연구 – 카카오톡 이모티콘을 중심으로 –. 기초조형학연구, 18(3), 237-248.
여호진(2003). 애니메이션 캐릭터의 성격 유형별 외형적 특성에 관한 연구. 인제대학교 대학원 석사학위논문.
오옥준(2006). 머천다이징 캐릭터 디자인을 위한 캐릭터의 비교 분석 연구 – 팬시 캐릭터와 웹툰 캐릭터를 중심으로. 인제대학교 대학원 석사학위논문.
오은석(2019). 2019년도 카카오톡 인기 이모티콘 디자인 트렌드 분석. 한국디자인리서치학회, 4(4), 19-30.
유서연(2016). 문화콘텐츠로서 스토리 기반의 슈퍼히어로 캐릭터 연구. 숙명여자대학교 대학원 석사학위논문.
이승(2003). 브랜드의 법적 보호에 관한 연구: 브랜드네임과 네이밍 전략을 중심으로. 연세대학교 법무대학원 석사학위논문.
이창숙 · 조경은 · 엄기현(2009). 몸짓언어와 자세를 이용한 캐릭터의 복합 감정 표현 시스템의 설계. 영상문화콘텐츠연구, 2, 349-368.
임윤아 · 권지은(2016). 감성 커뮤니케이션에 기반한 이모티콘 디자인 분석 – 모바일 SNS를 중심으로. 기초조형학연구, 17(5), 473-484.
정혜경(2019). 캐릭터 디자인의 조형적 특성에 관한 연구 – 신체 비례를 중심으로 –. 한국화예디자인학연구, 41(41), 45-59.
조원진 · 김홍엽(2019). IP 비즈니스를 위한 전략적 캐릭터 네이밍 연구 – 상표권 획득을 캐릭터 네이밍 식별성 확보 방향 중심으로 –. 상품문화디자인학연구, 58, 199-207.
진룡(2013). 문화 축제를 위한 캐릭터 디자인 개발: 중국 798Art-zone 문화축제를 중심으로. 건국대학교 대학원 석사학위논문.
최보아(2018). 이모티콘 캐릭터 디자인 표현유형에 따른 선호도 조사 – 카카오톡, 라인 이모티콘을 중심으로 –. 상품문화디자인학연구, 52, 135-144.

최우석(2016). 게임캐릭터의 등신비율과 게임이미지. 디지털융복합연구, 14(12), 165-172.
한동준 · 최성배 · 김영수(2019). 대학생들의 이모티콘 이용동기, 의존도 그리고 구매의도와의 관계성 연구. 한국사회과학연구, 38(2), 99-130.
허수진(2020). 월트 디즈니 애니메이션 캐릭터 유형별 색채 연구. 전북대학교 교육대학원 석사학위 논문.

잡지/보고서

문화체육관광부(2008), 캐릭터산업 진흥 중장기 계획(2009~2013).
문화체육관광부(2021), 2019년 기준 콘텐츠산업조사(콘텐츠산업통계조사).
한국콘텐츠진흥원(2011), 캐릭터성공사례.
한국콘텐츠진흥원(2012), 2011 캐릭터 산업백서.
한국콘텐츠진흥원(2016), 대한민국 캐릭터 변천사 연구.
한국콘텐츠진흥원(2016), 2015 캐릭터 산업백서.
한국콘텐츠진흥원(2017), 2016 캐릭터 산업백서.
한국콘텐츠진흥원(2018), 2017 캐릭터 산업백서.
한국콘텐츠진흥원(2020), 2020 캐릭터 이용자 실태조사 보고서.
한국콘텐츠진흥원(2020), 2020 캐릭터 산업백서.
한국콘텐츠진흥원(2021), 2021 캐릭터 산업백서.
Focus 쉬운 듯 쉽지 않은 캐릭터 네이밍. 아이러브캐릭터, 2008년 02월호.